少儿环保科普小丛书

全球环保大行动

本书编写组 ◎ 编

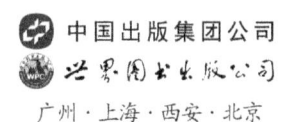

③

中国出版集团公司
世界图书出版公司
广州·上海·西安·北京

图书在版编目（CIP）数据

全球环保大行动/《全球环保大行动》编写组编.
——广州：世界图书出版广东有限公司，2017.3
ISBN 978-7-5192-2479-0

Ⅰ.①全… Ⅱ.①全… Ⅲ.①环境保护-青少年读物 Ⅳ.①X-49

中国版本图书馆 CIP 数据核字（2017）第 049843 号

书　　名：全球环保大行动
　　　　　Quanqiu Huanbao Da Xingdong
编　　者：本书编写组
责任编辑：冯彦庄
装帧设计：觉　晓
责任技编：刘上锦
出版发行：世界图书出版广东有限公司
地　　址：广州市海珠区新港西路大江冲 25 号
邮　　编：510300
电　　话：（020）84460408
网　　址：http://www.gdst.com.cn/
邮　　箱：wpc_gdst@163.com
经　　销：新华书店
印　　刷：虎彩印艺股份有限公司
开　　本：787mm×1092mm　1/16
印　　张：13
字　　数：150 千
版　　次：2017 年 3 月第 1 版　2019 年 2 月第 2 次印刷
国际书号：ISBN 978-7-5192-2479-0
定　　价：29.80 元

版权所有　翻印必究
（如有印装错误，请与出版社联系）

本书编写组

主 编：
  史光辉 原《绿色家园》杂志社首任执行主编

编 委：
  杨 鹏 阿拉善SEE生态协会秘书长
  姜 鲁 生态中国工作委员会宣传办副主任
  吴芳和 《中国大学教学》编辑部副主任
  殷小川 首都体育学院心理教研室教授
  高华程 中国教育报社资深编辑
  尚 婧 中央电视台社教中心社会专题部编导
  马驰野 独立制片人，原中央电视台《绿色空间》编导
  凤 鸣 中央电视台科教节目制作中心编导
  李 力 北京环境友好公益协会会长
  程朝晖 成都市环保监督专员办公室监察处长
  吕鹤民 北京十中生物高级教师
  权月明 中华文化发展促进会研究员
  王秦伟 上海世纪出版集团格致出版社副总编

执行编委：
  于 始 欧阳秀娟

本书作者：
  张春晖 刘 波 卢未青 于晓洁

本书总策划/总主编：
  石 恢

本书副总主编：
  王利群 方 圆

目录
Contents

1　序　改善我们共有的家园
　　地球只有一个 …………………………… 1
　　岌岌可危的地球 ………………………… 4
　　环保——人类共同的责任 ……………… 11

16　政府：环保事业主导者
　　绿色发展理念 …………………………… 17
　　立法保护环境 …………………………… 27
　　制定政策，推动环境保护 ……………… 35
　　中国的"绿色崛起" ……………………… 44
　　中国的"绿色承诺" ……………………… 51

61　企业：环境的破坏者与改造者
　　企业的环保社会责任 …………………… 62
　　企业绿色生产 …………………………… 67
　　企业销售、回收中的环保 ……………… 78
　　企业的节能减排 ………………………… 87
　　企业推出环保产品 ……………………… 92
　　企业助力环保公益活动 ………………… 95

102　NGO 组织：环保事业的先行者
　　国外民间环保组织概况 ………………… 104
　　国外著名环保组织选介 ………………… 107
　　中国民间环保组织概况 ………………… 112
　　中国著名民间环保组织选介 …………… 123

· 1 ·

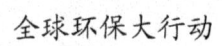

135 环保先锋：鼓动家和实干家

"国家公园之父"——约翰·缪尔 ················ 135
开启环保运动革命——蕾切尔·卡逊 ············· 138
"生态伦理之父"——奥尔多·利奥波德 ············ 141
中国"环保之父"——曲格平 ·················· 143
中国首个民间环保组织创办者——梁从诫 ········· 146
中国大学生绿色营创始人——唐锡阳 ············ 148

151 公众人物：环保事业的宣传大使

环保王子——查尔斯 ······················· 152
当不了总统，就当环保人——戈尔 ·············· 155
好莱坞明星的环保桂冠——娜塔丽 ·············· 159
跟着巨人去环保——姚明 ···················· 162
低碳生活榜样——周迅 ····················· 166
为了环境，改变自己——王力宏 ················ 169

173 普通民众：书写自己的环保故事

"当代愚公"——李双良 ····················· 174
提着菜篮行走中国——陈飞 ··················· 179
6岁开始环保行动——袁日涉 ················· 183
在沙漠中植树——米启旺 ···················· 186
投身公共环保教育——李皓 ··················· 188
民间环保"执法"者——陈法庆 ················ 192

197 结束语　美好明天——我们共同的期待

序　改善我们共有的家园

地球只有一个

大约在46亿年前，宇宙中尘埃聚集，形成了地球及其所在的太阳系的其他星球，当时的空气中不含氧气，而是含有很多的二氧化碳、氮气。最初的地球很小，但不断有宇宙中的尘埃及小的星体撞击，体积不断增大。撞击时能量聚集，温度不断上升，最终熔化为液体。不久，星体撞击的次数减少，地球表面的温度降低，形成地壳，这就是今天的地表。地球内部的岩浆不断喷涌，形成大量的火山。火山灰中的水蒸气冷却凝结为水，从而形成海洋。

尽管地球形成于46亿年前，但许多科学家认为，在地球形成后的7亿年间，由于小行星连续撞击，特别是39亿年前一次非常密集、剧烈的小行星撞击，地球表面因撞击产生的热量而完全熔化，原始生命无法在这种恶劣环境中诞生。所以一些科学家认为，地球上生命体的出现距今大约35亿年。不过，2009年5

月，美国科罗拉多大学的斯蒂芬·莫伊泽西丝和奥列格·阿布拉莫夫提出了不同看法。他们在最新一期《自然》杂志上说，早期的地球没有那么可怕。研究显示，小行星撞击只可能熔化地球表面的一部分，有一些微生物当时可能会生活在地球表面以下数千米处。

阿布拉莫夫在一份声明中说："新研究成果把地球生命的起源时间从39亿年前的小行星'后期重撞击期'向前推进了。生命很有可能早在44亿年前就诞生了，这与地球上海洋形成的时间差不多。"

研究人员利用数据模型发现，即使在糟糕的时期，地球表面熔化的面积也未曾超过37％，而且温度达到500℃以上的面积仅占10％。这一温度尽管非常高，但地球上的大部分地区仍足以让一些偏爱高温的微生物生存。

他们推断说，在所谓的"后期重撞击期"，一些在80℃～110℃温度下生活的微生物在地球表面以下曾兴盛一时。"我们的研究有力地表明，自45亿年前可能导致月球诞生的那次撞击后，就没有任何事件可以摧毁地球的整个表面，灭绝延续至今的生物圈。我们的观点是，小行星撞击并没有砍断地球的生命之树，只是为它修剪枝叶而已。"

地球上最初诞生的是细菌及浮游生物（池塘中生长的水藻的同类）。浮游生物利用太阳光及地球表面的二氧化碳繁殖，同时产生氧气。后来这些氧气形成了今天地球的空气，使鱼、鸟、爬虫类、恐龙以及人类等利用氧气的高级生物得以生存。

序　改善我们共有的家园

尽管按照科学家的最新推断，地球上的生命体可能已存在达44亿年，但地球仍是目前唯一一个存在已知生命体的星球。

虽然宇宙中有数不清的星球，但存在已知生命体的星球却只有一个，就是地球，所以我们说，地球只有一个。

我们只有一个地球

地球是我们的家园，尊重地球就是尊重生命，拯救地球就是拯救未来，保护生态平衡就是保护人类。科学技术以前所未有的速度和规模迅猛发展，增强了人类改造自然的能力，给人类社会带来空前的繁荣，然而，长期掠夺资源必将受到大自然的惩罚。我们遇到了大气污染、白色污染、水污染、空气污染、土壤污染、光污染等环境污染；地球也面临生态危机。如大气层臭氧减少，全球气温升高，热带雨林骤减……地球环境质量的急剧下降

成为直接威胁人类生存的世界性问题。进步带来的各种发现和发明使人类逐渐强大起来。各种交通工具是脚的功能的延伸，大大拓展了人类的活动范围；望远镜和显微镜是眼睛的延伸，使人类能探测更广阔和更微小的世界；信息技术的进步和网络的完善是嘴和耳朵的延伸，使远在千里之外的人们能相互沟通，地球成了一个地球村。诸如此类的成就不仅代表了科技所达到的水平，也大大提高了人们的生活质量。激光、微波、电视、计算机、网络、核反应堆，这些东西充满了人类生活的各个方面。不管我们是否意识到它们的存在，它们都影响甚至控制着我们的生活。正是在这种科技飞速进步，人类似乎在大踏步向前的表象下，环境也开始快速恶化，地球开始受到前所未有的伤害。

保护环境不但关系到人们的身心健康，而且关系到各国国民经济的可持续发展，因而是一个关系到人类未来的重大问题。目前世界环境状况正在不断恶化，而导致这种状况的正是人类自己。因此，人类有责任保护环境，保护好我们共有的也是唯一的家园——地球。

岌岌可危的地球

现代人已经有了相当大的改变自然环境的能力，但在享受科技进步营造的舒适生活环境时，并没有及时意识到付出的生态代价，结果是人类被迫面对日趋严重的环境污染和地球生态危机。人与自然环境之间应该是怎样一种关系？人类能把自然看作自己的附属品吗？

对环境与人类之间关系的重新思考是 21 世纪人类文明最重要的发现之一。

由于人口不断增加，资源消耗量不断增大，加上交通、通信事业的飞速发展，地球空间相对缩小，人类生产活动和社会活动的范围不断扩大，因此，资源开发利用突破了区域界限和国界，资源配置向国际化和全球性发展，由此而引起了一系列的全球性问题：

（1）全球性环境问题。由于人类活动的影响，特别是人类活动与地球各个圈层（大气圈、水圈、生物圈）相互作用而产生的影响整个地球表层的环境问题，如由于化石燃料的大量消耗而导致的温室效应引起全球变暖，会使极地的冰盖融化，导致海平面上升，使得一些海拔较低、土地肥沃的河流三角洲被水淹没，同时还会引起海水倒灌，污染地下水源。与温室气体增加相关的还有臭氧层的破坏等。

（2）全球普遍存在的区域环境问题。由于资源的不合理利用造成土地退化、森林滥伐、生物多样性的损失等，它们的累积效应足以影响全球。如由于土地不合理利用，造成受沙化影响的土地总面积达 20 亿公顷；全球受水土流失和干旱危害的土地达 26 亿公顷；人类对森林的乱砍滥伐导致大量的物种绝灭，仅在热带森林中，每天至少有一种物种正在消失。

（3）点多面广的工业污染问题。由于工业"三废"（废渣、废水、废气）所造成的土质、水质和大气污染，其累积效应也会影响全球。近几十年来，由于世界各国排入大气中的废气愈来愈多，酸雨已成为一个世界性的环境污染问题。

（4）重大自然灾害造成的环境问题。由于地球内部和星球之间的运动所造成的个别突发事件，如火山爆发、特大地震、山体滑坡等，其影响经过多级反馈，逐级放大，最终也影响全球环境。

由于人口膨胀和经济的迅速发展，人类对地球影响的规模空前加大，人口、资源、环境与发展的矛盾愈来愈突出，引起了全世界的忧虑和不安。了解和认识全球资源态势，研究与资源开发相关的全球环境问题，对于实现世界各国共同追求的可持续发展的目标，有着十分重要的意义。

中国沙漠化十分严重

在许多国家的历史上，经济起飞阶段往往伴随着严重的环境问题：污染增加、公害不断，原因在于当时这些国家对环境资源

急功近利的掠夺式开发。比如伦敦，在英国经济发展最繁荣的18～19世纪变成了"雾都"，泰晤士河开始黑臭；美国在20世纪初到30年代之间爆发过严重的"黑风暴"；日本在20世纪50～70年代先后出现"痛痛病"、"水俣病"等环境污染造成的大规模公害。发达国家的对策是"先污染、后治理"，问题暴露之后，在经济、技术力量和公众的环境意识达到一定程度的时候再解决发展过程中遗留的环境污染，但给环境已经带来了不可挽回的损失。

空气污染、水源污染和固体垃圾污染是环境污染的三个主要方面。工业生产所产生的废气、废水和废渣是环境污染的主体。在城市中，汽车排放的尾气是空气污染的一个重要污染源。由于空气粉尘污染非常严重，有些城市现已成为卫星观察不到的城市。有些地方的饮用水中有害元素严重超标，对人们健康构成威胁。固体垃圾污染更比比皆是，就连人迹罕至的珠穆朗玛峰也未能幸免。在冰天雪地的南极洲，科学家最近发现企鹅竟然也感染上了家禽病毒。

毁林开荒、围湖造田、过度放牧等违背自然规律、破坏生态平衡的做法使我们吃够了苦头。土地沙化、草原退化、沙漠侵袭等都是人类自己酿就的苦酒。以非洲撒哈拉沙漠为例，由于人为的原因，撒哈拉沙漠的面积50年来扩大了100多万平方千米，目前仍在继续扩大。

地球上的物种正在锐减，保护生物多样性刻不容缓。每年10月份的最后一天，纽约动物园的大型草地上都新竖起一排墓碑，

每块石碑都是为灭绝的一种物种而立。据科学家估计，目前平均每天有3个物种从地球上永远消失；全世界有9400多种动植物正濒临灭绝。人类要对此负责，是人类摧毁了它们的生存环境，甚至它们本身。热带雨林是地球上物种最丰富的地区，可是人类对热带雨林的乱砍滥伐从来都没有停止过，由此而导致的物种灭绝最为严重。非洲的大象和犀牛成为濒危动物，这除了与它们的生存环境受到破坏有关外，还与人类的大量捕杀密不可分——珍贵的象牙和犀牛角给它们招来了杀身之祸。再看看南极臭氧洞之下的地面生物，在智利南端靠近麦哲伦海峡的地区，河里本来有许多欢蹦活跃的鱼类，今天成了呆木乱撞的"盲鱼"；喜欢游荡的羊群因患了白内障而变为"盲羊"，整天闷闷不乐；连蹦带跳的兔子变成了"盲兔"，猎人可轻而易举地将它们抓获；自由飞翔的野鸟因双目失明而迷失方向，撞进了居民的院宅……这是一种多么令人悲哀又发人深省的景象。

保护人类免受有害紫外线照射的臭氧层在不断变薄，地球南北极上空出现了臭氧洞。最新资料表明，南极臭氧洞的面积已达2000多万平方千米，大约是欧洲陆地面积的2倍。科学家已经证明，电冰箱等制冷设备中使用的氟利昂是破坏臭氧层的罪魁祸首之一。更令人担忧的是，由于大气"温室作用"增强，我们居住的地球正在变暖。观测表明，百年来全球平均地表温度增加了0.74℃，我国的气温变化与全球气温变化基本同步，尤以北方增温最为明显，从1986年的冬季开始，中国已连续经历了21个暖冬。人类日常生活和工业生产中排放出的大量二氧化碳等气体是

序　改善我们共有的家园

导致全球变暖的主要因素。自工业革命开始以来，大气层中二氧化碳含量增加了 30%，甲烷和一氧化碳含量都增加了约 15%。目前全世界每年向大气层中排放的二氧化碳多达 230 亿吨。全球变暖可增加冰川的融解量，导致海平面升高，使许多沿海地区和岛屿有可能被淹没；它还会加剧自然灾害，造成瘟疫流行。

地球变暖使人类和动物的栖息地减少，生存受到威胁

近年来，各类媒体越来越关注这样一个气候学名词：厄尔尼诺。众多气候现象与灾难都被归结到厄尔尼诺的肆虐上，例如印尼的森林大火、巴西的暴雨、北美的洪水及暴雪、非洲的干旱等等。它几乎成了灾难的代名词！科学地说，厄尔尼诺是热带大气和海洋相互作用的产物，原来是指赤道海面的一种异常增温，现在其定义为在全球范围内，海气相互作用下造成的气候异常。这也是人类自己造成的后果。

有资料显示，全球人口正以 9000 多万/年的速度增长，世界

· 9 ·

全球环保大行动

人口已达 70 亿。全球已有 30% 的土地因人类的活动遭致退化，每年流失土壤 240 亿吨。全世界每年流入海洋的石油达 1000 多万吨，重金属几百万吨，还有数不清的生活垃圾。水中病菌和污染物每年造成约 2500 万人死亡。一份由加拿大两所大学 2007 年 10 月合作发表的报告称，环境污染每年大约造成 2.5 万名加拿大民众死亡，带来 2.4 万个新的癌症病例，以及 2500 个体重不足的新生儿。相比之下，环境问题不算严重的加拿大尚且如此，其他地方的情况可想而知。环境污染严重威胁人类的生存和繁衍。世界卫生组织发布的报告显示，水污染、食物残留农药、土壤含铅量超标等，都可能改变儿童脆弱的生理组织。生活在世界最贫穷地区的儿童，每 5 个人中就有一个活不过 5 岁。至于男人和女人生育能力下降、人类生理机能退化的事例，更是屡见不鲜。人类与环境的矛盾越来越尖锐，已经到了刻不容缓的地步。

英国自然灾难专家比尔·麦克古尔在其新书《七年拯救地球》中，提出了一个令人震惊的观点：2015 年将是地球命运的"转折点"。他认为，如果温室气体的排放在 2015 年前没有达到稳定状态，地球将在 2015 年 7 月进入不可逆转的恶性循环：生灵涂炭，万物灭绝。到 21 世纪中期，由于沙漠不断扩大、海平面迅速上升、飓风席卷太平洋、热带丛林开始消失，被迫离开家园的"气候难民"将达到 10 亿人。虽然这只是一家之言，但环境恶化带来的致命危险的确在一步步逼近人类。所有这一切向我们发出了警示：人类破坏环境的同时，也在毁灭自己。

序 改善我们共有的家园

环保——人类共同的责任

在全球资源、环境、人口与发展的矛盾日趋尖锐的形势下，迫使人类不得不重新认识人与自然的关系：是继续坚持传统的发展观念，还是谋求建立人与自然和谐相处、协调发展的新模式。为此，世界各国和国际组织纷纷开展各种活动，旨在协调保护全球资源环境的共同行动。1972年联合国在瑞典的斯德哥尔摩召开了有113个国家参加的联合国人类环境会议。会议讨论了保护全球环境的行动计划，通过了《人类环境宣言》，并将6月5日定为世界环境日。以后，每逢世界环境日，世界各国都开展群众性的环境保护宣传纪念活动，唤起全世界人民都来注意保护人类赖以生存的环境，自觉采取行动参与环境保护的共同努力，同时要求各国政府和联合国系统为推进保护进程做出贡献。

环境教育教育从娃娃抓起

2005年岁末，在亚洲的印度尼西亚、北美的加拿大和非洲的

全球环保大行动

塞内加尔分别召开了三个涉及环保内容的国际会议，它们是亚欧环保论坛、联合国世界气候变化会议和保护臭氧层国际大会。除了主题，这三个会议还有两点共性：①规模大，人数最少的也在300以上，最多的近万人。②与会代表的广泛性，最少的来自近40个国家，最多的来自180多个国家和地区，其中包括各方代表，既有从事研究的专家、学者，又有实际工作人员；既有国际组织和各国政府的官员，又有非政府组织和民间环保人士。

在如此短的时间里，围绕环保及相关问题就举行了三个大规模的国际会议，再度昭示一个不可回避的事实：环保是人类共同的事业，而形势也越来越紧迫。

世界环境问题的现状，的确令人担忧。"救救我们的地球！"——这是一位与会者在亚欧环保论坛上发出的呼喊。参加论坛的许多与会者都对热带雨林面积减少、气候异常变化以及过量使用和误用有害化学物品、药品的情况深感忧虑。世界气候变化会议散发的一份文件称，2005年成为有史料记载以来气候最糟糕的一年，由于气温居历年来最高，北极圈冰层融化最迅速；大西洋飓风危害最严重；加勒比海域水温最高；亚马孙河流域的干旱程度甚于20世纪任何时候；非洲有近半数国家由于干旱等原因面临饥荒……

此外，战争特别是在战争中使用违禁武器对环境和生态的破坏不容忽视，如在海湾战争和伊拉克战争中，美英联军使用的贫铀弹遗患久远。英国气象学家休顿发出警告："全球变暖给人类带来的危害并不亚于核武器等大规模杀伤性武器。"

世界环保事业需要加强合作。正如一些专家、学者所说,污染是不分国界的,跨国间环保合作是十分必要的,因为任何国家和地区都难以在环保方面"独善其身"。在环保问题日趋严峻的现实面前,越来越多的国家和民间人士意识到,必须在环保方面加强包括国际合作在内的各种形式的合作。世界气候变化会议最终作出了40多项重要决定,其中包括启动《京都议定书》新一阶段温室气体减排谈判,以进一步推动和强化各国共同行动,切实遏制全球气候变暖的势头。当然,就在国际环保合作渐成趋势和潮流的情形下,世界环保进程仍存在阻力。例如,占世界温室气体排放量首位的美国,至今仍对具有重大环保意义的《京都议定书》持拒绝态度。

但国际环保合作的趋势是不可阻挡的。2009年3月,为期三天的国际气候变化科学大会在丹麦首都哥本哈根召开,世界顶尖气候科学家们发出警告,先前预测的气候灾难不仅仅被最新科学发现进一步证实,而且正以比人类预想还要快的速度变为现实。

上涨的海水将会给地表水源和地下水源都带来污染,加剧当前全球面临的淡水资源短缺的问题。泰国、以色列、中国和越南的地下水资源已经遭受到盐水的污染。

这次最高级别的会议共有来自70多个国家和地区的顶尖气候问题专家、学者2000多人,他们就"气候变化:全世界的风险,挑战与决心"这一主题进行了深入讨论,科学家们尽了最大努力向人们传递气候危机的紧迫性,并且对于人类未来产生深切忧虑。

全球环保大行动

科学家们在大会上发出警告说，由全球变暖所引起的各种灾难性后果带来的威胁正在变为现实，并且比之前预期的还要严重，举例来说，到21世纪末，海平面上升将超过之前的预测，上升幅度达到1米甚至更高。与此同时，科学家们还警告说，森林面积比如在亚马孙平原等部分地区的丧失，将可能最终难以恢复，而对一些生态系统的破坏同样面临如此结局。

"这次科学会议充分表明，紧迫的气候危机危险已经迫在眉睫，"绿色和平国际总部一位气候专家表示，"不过，会议同时显示，无论从经济层面还是技术层面，人类还有从气候危机的悬崖边回来的机会。当然，这种可能是建立在世界各国领导人马上行动的基础上的——我们手头上有了足够的工具和方法来应对这些挑战。"

现在，已经到了各国政府展现政治魄力并最终达成一个拯救计划的时候了：2009年国际间关于气候变化将有多轮谈判，而这些谈判最后会在当年12月份的哥本哈根联合国气候会议达到顶峰，在那里，各国政府必须最终达成一个保护地球气候的协议书。

2009年世界环境日的主题是："你的地球需要你——联合国际力量，应对气候变化"。各国政府和相关组织将聚集一起，商讨拯救地球气候的行动方案，这是一个新的开端。它向我们每一个人宣示，全球性的资源和环境危机，要求世界各国采取一致行动。唯有各国联手妥善应对，我们居住的地球才有望变得更加蔚蓝可爱、生机盎然。

地球并非沉默不语，它在以各种方式告诉人们，拯救的时刻到了。人类社会的每一个成员，每一个组织，都应该行动起来，为保持这个星球的美丽，为人类社会的持续发展及各种生物的生存条件做点什么——联合国、各国政府、NGO组织、大明星、小人物，不论力量大小，不论何种方式，都行动起来吧，这是所有人共同的责任。

政府：环保事业主导者

　　环境问题是世界各国普遍面临的严重问题之一，它伴随着经济活动而产生，但是却不受市场规律的调节，也不能依靠经济主体的自觉行动来解决。为弥补市场的不足，政府在这个领域就产生了特殊的责任。

　　环境污染和破坏是人类生产、生活的孪生物，两者相生相随、紧密相连，在某种程度上讲，只要有人类活动，就不可避免会出现环境污染和破坏，但是在工业革命以前，人们对环境的影响是局部的、有限的，大部分在环境可以容纳、调节、化解的范围以内。因此，当出现环境问题时，由环境发挥自我调节功能为主，人为的恢复及保护为辅。进入工业革命以后，借助发达的科学技术，先进的机器设备，大量地消耗能源和资源，人类以前所未有的速度发展，全方位地影响和改造着地球环境，由此造成了大量的环境污染和破坏，并且不断地向深度和广度蔓延，人与环境的矛盾空前激化，已经超出了环境本身的自我调节能力，逐渐

危及人类生存和发展的基础，危及公共利益和公共安全。而此时在经济领域，支配人们行为的是市场价值规律，以追逐经济利益最大化为行为导向，总是希望以最小的投入（成本），获取最大的利益（利润），在主观上不愿主动去考虑社会利益，因此，如果没有外部的强制性作用，企业在生产中无偿地接受来自于环境的大气、水等环境资源，而将未经处理的废弃物排入环境中被认为是理所当然的事。

为此，人们期待国家权力的介入。环境污染和破坏超出了环境的自我调节能力，又不受市场机制调节时，政府介入环境保护就成为必要。

绿色发展理念

联合国倡导绿色新政

不要认为政府的介入就一定是强制性的。环保是人类的共同责任，是所有人努力的方向，那么环保事业本身就具有极大的能量，从长远来说，参与其中的国家以及企业将会从中获益，这是一种新的理念。联合国秘书长潘基文多次呼吁发达国家在减少温室气体排放方面作出更大努力，并帮助发展中国家应对气候变化的挑战。他认为全球变暖的威胁不亚于一场战争，并为此提出"绿色新政"概念，呼吁全球领导人在投资方面，转向能够创造更多工作机会的环境项目，以修复、支撑全球经济的自然生态系统。

全球环保大行动

联合国环境规划署在 2008 年 10 月推出了全球"绿色新政"的概念，目的是应对当前的经济危机。然而，如果明智地使用，这些经济刺激计划就会带来影响深远及变革性的趋势，为 21 世纪所急需和更可持续的绿色经济奠定基础。

联合国环境署在 2009 年 2 月召开的第二十五届理事会上郑重地提出了"实行绿色新政、应对多重危机"的倡议。根据这一倡议，绿色新政包括以下几个方面的含义：

（1）多重危机需要全球范围和广泛领域的政府领导力。所谓政府的"领导力"就是政府引导和激励社会朝某一目标努力的行为组合，既包括提振信心，更需要采取行动的措施和综合能力。无论从这次金融危机是自由市场经济"惹的祸"的事实出发，还是从环境保护和可持续发展的公共物品属性看，强有力的政府领导力都是应对多重危机的关键。

（2）绿色新政需要全球协调的、大规模的刺激计划和政策措施。这些计划和措施的近期目标是要复苏全球经济，保证并增加就业，保护弱势群体；中期目标是减轻经济对碳的依赖，减轻生态系统退化，使经济走上清洁、稳定的发展轨道；长期目标是实现可持续的和开放的增长，实现千年发展目标，在 2050 年消除绝对贫困。

（3）要实现上述目标，联合国环境署建议在绿色经济部门投入 3 万亿美元的资金，投资重点应包括 7 个领域：高能效建筑、可持续能源、可持续交通、淡水资源、生态基础设施、可持续农业，以及诸如废物循环利用等其他领域。

政府：环保事业主导者

"可持续农业"逐渐成为世界农业发展的时代要求，也是绿色新政的投资重点之一

（4）改革国内政策架构，确保绿色投资在国内经济发展中的成功。

（5）改革国际政策架构和国际协调，支持各国的努力。

可以看出，在绿色新政中，政府的"绿色领导力"是基本要义，"绿色经济"是基本目标，"绿色投资"是基本方法，"绿色政策改革"是基本保障。

从影响的猛烈程度看，金融危机的危害更加猛烈；从影响的深刻性和长期性看，要数资源环境危机更为猛烈。解决多重危机，毫无疑问必须先从金融危机下手；但缓解资源环境危机，应对金融危机为其提供了难得的历史机遇。所以，这就是绿色经济发展成为绿色新政的基本目标的原因。

全球环保大行动

绿色经济是一个宏观层面的、广义的概念。凡是朝着有利于资源节约、环境保护和可持续发展方向的经济活动都是绿色经济。从资源开发到产品生产、流通和消费的再生产全过程是经济活动的永恒主题。然而，从不同发展目的出发可以对这一主题提出不同的要求。例如，为了强调知识和技术要素对经济增长的贡献，倡导知识经济；为了降低经济增长过高依赖化石能源，减少二氧化碳排放，缓解气候变暖，提出发展低碳经济；针对传统经济发展对资源的线性利用方式问题（从资源到废物），要发展循环经济。这些都是实现绿色经济的途径和方法。当然，绿色经济还要求培育新的清洁产业，发展清洁技术等。

根据联合国环境规划署报告称，全球"绿色经济"已处于萌芽阶段。气候变化正在改变企业家、金融家、各国政府甚至联合国机构领导人的思维方式，促使他们制定新的政策和采取新的行动，但发展道路上仍面临很多障碍，各国更倾向于为石化燃料而非更清洁的能源提供补贴，现有的关税和贸易体制导致清洁能源技术成本相对更高，很多金融机构在为团体发展太阳能和风能提供贷款业务时害怕承担风险等。

世界各国探索绿色新政

绿色新政概念提出后，世界各主要国家和集团积极响应。2009年4月2日，伦敦G20领导人峰会发表声明，就明确承诺："我们同意尽力用好财政刺激方案中的资金，使经济朝着有复原能力的、可持续的、绿色复苏的目标迈进。我们将推动向清洁、创新、资源有效和低碳技术与基础设施的方向转型。我们认识到

并共同努力采取措施建立可持续经济。"

欧洲环境研究所的资料表明,在美、德、法等国的经济刺激计划中,绿色投资都保持在10%～20%的水平,韩国高达80%。绿色投资主要集中在能源效率(包括建筑、低碳汽车和公共交通)和可再生能源领域。据一家德国研究机构估计,目前全球经济刺激计划总投资额约为2.796万亿美元,其中绿色投资约4360亿美元,占15.6%。这一数额与联合国环境规划署3万亿美元绿色投资的建议尚有极大的距离。绿色经济是未来的必由发展之路。各国政府应积极推行"绿色新政",实现经济的"绿色转身"。绿色经济蕴藏着巨大的发展潜力与经济价值。目前,很多国家纷纷把大力发展绿色经济作为克服国际金融危机、抢占未来发展制高点的重要战略举措。

下面,我们将介绍若干国家包括中国所推行的"绿色新政":

1. 美国确立"绿色新政"

以美国为首的欧美国家正极力推行"绿色新政",试图再造经济增长。美国总统奥巴马上台后,极力推动能源产业、绿色经济的发展,推出了节能减碳、降低污染的绿色能源环境气候一体化的振兴经济计划。奥巴马公布的经济振兴计划有一半以上涉及能源产业,希望通过能源产业和绿色经济的发展,再造美国增长。

为此,美国出台了一系列支持绿色经济发展的政策。未来10年投入1500亿美元资助替代能源研究,并为相关公司提供税务优惠;电力方面,大幅减少对中东和委内瑞拉石油的依赖,计划

到2025年，美国发电量的25%将来自可再生能源等；在汽车方面，美国将大举投资于混合动力汽车、电动车等新能源技术，力争到2015年实现混合动力汽车销量100万辆；在新能源技术方面，美国将大量投资绿色能源，包括风能、太阳能、核能、地热等。

我们可以肯定，美国的"绿色新政"将比10年前的IT革命更为重大、更为深远，有望使美国再次主导全球经济的制高点。

2. 韩国的"绿色工程"计划

韩国政府提出的"绿色工程"计划，将在未来4年内投资50万亿韩元（约380亿美元）开发36个生态工程，并因此创造大约96万个工作岗位，用以拉动国内经济，并为韩国未来的发展提供新的增长动力。这一庞大计划被称为"绿色新政"。政府推行绿色新政的目的是创造更多的就业岗位，同时实现生态环境友好型的经济增长，提高韩国的竞争力。目标有三个：创造就业岗位，扩大未来增长动力和基本确立低碳增长战略。

韩国企划财政部在一份声明中表示政府将投资39万亿韩元在9大工程项目上，并投资11万亿韩元在27项相关的工程方面，而计划新增的96万个工作岗位中有10万个是为15~29岁的年轻人准备的。据韩国媒体报道，在50万亿韩元的投资中，37.5万亿韩元来自国家预算，5.2万亿韩元来自地方预算，另外7.2万亿韩元为民间资本。

这一绿色新政包括基础设施建设、低碳技术开发和创建绿色生活工作环境。具体来说，治理四大江河、建设绿色交通系统、普及绿色汽车和绿色能源；扩增替代水源以及建设中小规模的环保型水坝等。

韩国政府还将推动全国范围的绿色交通系统建设，包括建设低碳铁路、1300千米的自行车道路和其他公交系统，大约耗资11万亿韩元，创造16万个就业岗位。政府还将投资大约2万亿韩元用于修建中小型环保型水坝，增加河流的储水功能，并减缓洪水和其他水灾。这一工程可以创造3万个工作岗位。

韩国政府还将投资生产低碳汽车，开发混合型汽车和开发太阳能、风能和其他可再生的清洁能源。作为环保努力的一部分，韩国政府还将投资3万亿韩元用于扩大森林面积，提供23万个就业岗位。韩国政府还计划在全国修建200万个绿色住宅和办公室，即建设200万户具备太阳能热水器等的绿色家庭，并将20%的公共设施照明更换为节电型的二极管（LED）灯泡。

绿色新政中的"绿色"主要包含三个内容：社会基础设施、低碳高效的工业技术、环境友好型生活。概括而言，就是推动社会可持续发展、促进减排、发展节能技术。"新政"则是指通过推动大规模公共建设事业创造大量工作岗位，这助于增强国民信心。绿色增长既可以保护环境又可以创造就业岗位，可谓一举两得，可以认为韩国政府的绿色新政是与世界潮流是一致的。但是，绿色新政计划投入到再生能源领域的资金仅为3万亿~4万亿韩元，在计划创造的96万个就业岗位中，有91万个是建筑业或者是简单劳动岗位，这些大型土木工程建设似乎与真正意义的以高新技术为支撑的绿色增长相去甚远。

3. 日本的"绿色新政构想"

面对世界性经济危机，日本着手制定日本版"绿色新政构想"政策，加大向节能技术及产品开发、普及领域的投资力度。日本版的"绿色新政构想"突出了绿色经济与社会变革的主题，提倡创建有利于环境领域投资和环境保护的社会环境，在实现二氧化碳减排目标的同时，通过环境相关产业，促进环境经济市场发展，争取在2015年实现100万亿日元的市场规模和就业人口达220万的目标。

日本环境省提出的方案包括了加大对环境相关企业的无息贷款，鼓励消费者购买节能家电和电动汽车等节能产品的减免税措施。各地方政府也积极出台鼓励办法。

日本的执政党和在野党均把发展新能源等作为自己的重要环境政策。执政的自民党在2009年度的改税大纲中，推出建立低碳社会和经济增长并行的方针，推出多个促进发展降低温室气体排放的环境友好型汽车、开发太阳能等优惠措施。主要在野党民主党提出要设立"绿色成长战略调查会"，依赖"绿色工作计划"解决就业，以"绿色创新"主导技术创新等。

4. 中国特色的"绿色新政"

中国的"绿色新政"是坚强的、清晰的和务实的。从国家领导人层面上看，我国领导人的绿色新政意愿是非常坚定和明确的。温家宝总理在2007年接见中国环境与发展国际合作委员会外方委员时曾坦诚地说，要成为一个环保总理，内阁应该是一个环保内阁，我们不仅要创造一个繁荣的中国，还要使中国保持蓝

政府：环保事业主导者

天白云的良好环境；在 2008 年的接见中，又明确指出，在国际金融危机和经济遭受影响的情况下，中国仍将坚持环境保护和可持续发展，高度重视环境保护和应对气候变化，高度重视实现千年发展目标。中国政府应对气候变化所采取的措施和力度坚定不移；实现节能减排的目标坚定不移。

在博鳌亚洲论坛 2009 年年会开幕式上，时任温家宝总理提出要推动绿色合作，加强亚洲国家在节能环保、开发利用新能源和可再生能源等领域的合作。这一主张如果顺利实施，将培育出新的增长点，有效促进亚洲经济的可持续发展。事实上，作为世界上最大的发展中国家，中国已成为"绿色新政"主要践行者。中国政府公布的 4 万亿元人民币的经济刺激计划中，有 2100 亿元人民币用于环境保护。

从战略思想上看，中国提出的以人为本、全面协调和可持续的科学发展观是当今世界上典型的绿色新政理念，并逐渐形成了清晰的、具中国特色的绿色新政的战略路线图。在科学发展观的统领下，我们确立了以"人与人、人与自然和谐相处"为核心价值的和谐社会建设的发展目标。为实现这一发展目标，将指导经济增长的原则从"又快又好"调整为"又好又快"；对内，通过走一条科技含量高、经济效益好、资源消耗低、环境污染少、人力资源优势得到充分发挥的新型工业化道路来转变发展模式；对外，通过走和平发展道路，促进和谐世界建立。

在处理环境与发展的关系方面，我国也进入了一个重要的战略转型期：国家将环境保护作为关系到人类发展文明全局的大问

全球环保大行动

中国确立以"人与人、人与自然和谐相处"为核心价值

题来认识,提出建设生态文明的新理念;确定了建设资源节约型、环境友好型社会的奋斗目标;为了协调好环境保护与经济发展的关系,正在推进"三个历史性转变"。

在实践层面,节能减排、发展循环经济、从再生产的全过程建立环境经济政策体系、实施国家应对气候变化方案等都是实施绿色新政具体而务实的行动和措施。在应对金融危机扩大内需的4万亿元刺激方案中,直接用于环境保护的投资占5%,如果考虑到基础设施建设、调整结构和技术、灾后恢复重建等方面投资中用于环境保护的投资或对环境保护有间接推动作用的投资,我国绿色投资为数可观,按照国外机构的估计,可能会达到38%左右。

除了电子信息和物流两个产业外,汽车、钢铁、纺织、制造、有色金属、轻工和化工等七大产业振兴规划都明确提出了结构调整、技术更新、节能减排、淘汰落后产能等绿色的目标、任

务或措施。

然而,我们必须清醒地认识到,与联合国环境规划署有关绿色新政的重点领域和发达国家相关绿色投资的方向相比,尽管我国绿色新政的战略体系是先进的,但有关行动和措施的出发点和目标还停留在解决资源浪费和污染严重等初级发展阶段面临的基本问题上,缺乏新型产业的培养,以及在提高能效和可再生能源开发方面的集中投资。所以,虽然我国经济刺激方案的绿色投资比例可能较高,但总体上仍处于较低水平的绿色投资。这尽管在很大程度上是由国情决定的,但我国为此有可能失去下一轮产业和技术革命的先机,未来仍将继续处于追赶状态。

立法保护环境

新的"绿色发展"理念固然开辟了一条广阔的道路,但对于保护环境,立法是一个必不可少的环节。许多国家,特别是西方国家经过了一个经济发展的高峰期,而累积的环境问题也进一步恶化,令人震惊的公害事件不断爆发,人民要求保护自己环境权益的呼声高涨,促使世界上许多国家通过立法确立了公民的环境权,同时也明确了环境保护是国家的一项基本职责。

各国环保法规及《国际环境法》

各国关于环保的立法形式有两种:

(1)通过修改宪法,加进了国家在保护环境方面的职能的条款,如希腊在其 1975 年颁布的《希腊共和国宪法》第 24 条规

定:"保护自然和文化环境,是国家的一项职责,国家应当就环境保护制定特殊的预防或强制措施。"葡萄牙在其1976年颁布的《葡萄牙共和国宪法》第66条规定:"……国家应当利用自己的机构和劳动人民的首创精神,1.防止和控制环境的污染及其后果,防止和控制各种有害的土壤侵蚀;2.保持国土的生态平衡;3.建立自然保护区、国家公园和休息公园;保护和保存具有历史意义和艺术意义的自然古迹和文物,保证其完整无损;4.为了国家的利益利用自然资源,关心自然资源的更新和保护环境。……国家必须促进不断改善全体葡萄牙人的生活质量。"

1972年10月通过的巴拿马共和国《宪法》第110条规定:"根据国家的经济和社会发展情况,积极养护生态条件,防止环境污染和生态失调,是国家的一项基本职责。"

我国1982年颁布的《宪法》第26条规定:"国家保护和改善生活环境和生态环境,防治污染和其他公害。"

(2) 制定和颁布环境保护基本法,在基本法中规定国家在保护环境方面的权利和义务。

20世纪六七十年代始,许多国家颁布了环境保护基本法,规定国家在保护环境方面的基本政策,其中设立国家环境保护机构,强化政府的环境保护职责是一个共同趋势。例如美国1969年颁布了其环境保护基本法《国家环境政策法》,明确宣布国家的环境政策,对行政机关课加保护环境的职责和履行该职责的程序,并创立国家环境质量委员会辅助总统处理环境事务。又如日本于1967年颁布了《公害对策基本法》,该法以明确国家和地方

政府对防治公害的职责为立法的目的之一。我国1989年颁布的《环境保护法》也有大量的条文规定了国家的环境保护的职责权限，使国家的环境保护职责进一步强化。

保护生存环境，是一项艰巨任务，也是全人类面临的共同难题。如何卓有成效地保护好环境，让每一个地球人真正认识到环境的重要性，并自觉参与保护环境的行动呢？一些国家依据自己的国情采取的环保措施，令人耳目一新：

（1）征税。通过征收排污费（或税）、资源费（或税）来促进企业减少污染物的排放和合理开发利用自然资源；通过低息贷款或优惠贷款，帮助企业修建防治污染设施；通过优惠政策鼓励企业回收利用废弃物、采用清洁生产工艺、生产环保产品；通过加税或停止贷款等方式促使企业减少及至停止生产污染环境的产品和使用严重污染环境的工艺、设备等。

（2）强制。是指政府运用行政权力，直接对人们的行为进行限制和管理。表现为对建设项目的环境影响评价报告和防治污染的方案进行审批；审核和颁发环保许可证；下达限期治理和停业、关闭的决定；下达限期淘汰的严重污染环境的工艺、设备名录；禁止和查处环境违法行为等。

（3）参与。是指政府在必要的时候直接以经济主体的身份参加经济活动，调节经济发展。表现为政府投资进行环境建设，如建设污水处理厂、垃圾处理场、进行城市美化和绿化、组织城市环境综合整治等；政府投资开发环保产品和环保产业等。

除了本国的环保立法外，各国还通过国际环境法来保护环

全球环保大行动

境。为了保护环境，实现人类的可持续发展，《国际环境法》自20世纪70年代诞生，之后得到迅速发展。目前，仅在国际组织登记的有关国际环境保护条约就有152项，其中许多是与国际贸易有关的环境保护条款。例如：1972年7月5～16日在斯德哥尔摩举行的联合国人类环境会议通过了著名的《斯德哥尔摩人类环境宣言》和《人类环境行动计划》，表达了国际社会保护环境的共同决心和行动建议。1972年《世界文化和自然遗产公约》和1973年《濒危野生动植物种国际贸易公约》、1979年联合国欧洲经济委员会主持制定的《远距离跨界大气污染公约》、1982年联合国人类环境会议召开十周年之际通过了《世界自然宪章》、1982年通过的《联合国海洋法公约》、1985年《维也纳保护臭氧层公约》、1987年《关于消耗臭氧层物质的蒙特利尔议定书》、1989年的《控制危险废物越境转移及其处置的巴塞尔公约》。在斯德哥尔摩人类环境会议二十周年之际，联合国环境与发展大会于1992年6月3～14日在巴西里约热内卢召开。大会通过了《里约环境与发展宣言》、《21世纪议程》、《气候变化框架公约》、《生物多样性公约》和《关于森林问题的原则声明》等多项保护环境、持续发展的重要文件。概括起来，现在国际环境法有助于解决以下领域的环境问题：

（1）保护大气环境。主要有保护臭氧层和防止二氧化碳引起的气候变化，防止二氧化硫等气体引起的酸雨等三个方面的国际公约。

（2）保护海洋环境。主要有《联合国海洋法公约》中的有关规定，例如，关于船舶造成污染的一系列国际公约；防止倾倒废物污染海洋的国际公约等。

（3）保护生物资源和自然文化遗产。主要有保护生物多样性公约、保护自然文化遗产国际公约等。

（4）人类共享共管资源的环境管理。例如，国际海底资源、南极资源、外空资源等。

（5）防止危险废物越境污染、核污染、化学制品污染。

《国际环境法》的基本原则是：一国的活动不得损害他国环境和各国管辖范围以外环境；经济社会发展必须与环境保护相协调；各国负有共同但有区别的保护全球环境的责任（发达国家负有主要责任）；兼顾各国利益和优先考虑发展中国家特殊情况和需要；尊重国家主权原则；为保护环境进行国际合作；共享共管全球共同资源；重视预防环境污染和生态破坏。

《国际环境法》对各国环境立法的发展起了重要的推动作用。《国际环境法》与各国环境法相互影响，相互促进，互相渗透。从各国国内环境立法来看，许多国家对外国投资者在国内投资的环境保护问题加以规定。发达国家一般都明确禁止污染环境投资，环境保护标准较高。而发展中国家作为国际污染产业转移的主要受害国，更应当完善立法，加强经济发展与环境保护政策法规的协调，防止国际投资转嫁污染。

但是，随着《国际环境法》的迅速发展，对国际贸易产生了重要影响。环境保护给国际贸易造成的障碍称为环境壁垒或绿色壁垒，就是以国际或国内环境保护条约或法律为依据限制外国产品的市场准入。随着关贸总协定以削减关税为目标的多边谈判和世界贸易组织的建立，各国普遍降低了关税。但是包括进口配额、海关估价、政府采购、出口补贴、技术标准、卫生检疫等非关税壁垒开始兴起。一些发达国家以环境保护为理由，对其他国家的进口设立新的绿色壁垒。绿色壁垒主要采取绿色关税制度、绿色技术标准制度、环境标志制度、绿色卫生检疫制度、绿色包装制度等形式。

中国的环保立法

环境保护立法工作在我国起步较晚，1973年第一次全国环境保护会议确定"全面规划、合理布局、综合利用、化害为利、依靠群众、大家动手、保护环境、造福人民"的环境保护32字方针，1983年在第二次全国环境保护会议上提出"环境保护是我国的一项基本国策"。

1979年开始"试行"《环境保护法》，直到1989年正式颁布。经过10年的实际应用，在总结经验吸取教训的基础上，1989年12月26日第七届全国人民代表大会常务委员会第十一次会议通过了修改后的《中华人民共和国环境保护法》，它是我国环境立法和实践工作的又一座里程碑。

现行《环境保护法》是我国环境法学领域的一项重要成果，它为环境法律关系的调整设定了一系列制度，也曾经解决了一定的环境法律问题，在保护环境特别是控制污染方面发挥了积极作用，它作为我国环境保护领域的一项基本法律，指导着我国环境保护的各项工作，具有不可磨灭的历史功绩。

政府：环保事业主导者

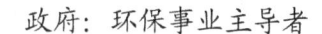

《环境保护法》之后又制定并通过了《中华人民共和国水污染防治法》、《中华人民共和国大气污染防治法》、《中华人民共和国固体废物污染防治法》、《中华人民共和国噪声污染防治法》四大体系。由此可见，我国已经把环境保护工作放在了保持经济持续发展，保护生态自然环境，维持社会稳定，人民安居乐业的重要位置上。

从20世纪末到21世纪初的10年时间里，中国一系列环保法律相继出台，环境立法的速度居各部门立法之首。可以说，就立法的全面性而言，中国的环保立法在世界上也是相对完备的。

进入21世纪，面对复杂的环境形势，颁布于1989年的《环境保护法》却从未修改过，在很多方面已经跟不上形势的发展，刻不容缓地需要修改。2007年3月，在第十届全国人民代表大会第五次会议主席团交付全国人大环资委审议的代表提出的议案中，有469位全国人大代表提出关于修订环境保护法的15件议案。这些议案认为，现行《环境保护法》已不能适应当今经济、社会发展和环境保护工作的需要，建议尽快进行全面修订，并由全国人民代表大会审议通过。

全国人大环资委有关立法专家经过调研也认为，随着环境问题的日益突出，现行环境保护法已经不能适应环境保护工作的实际需要。针对代表们提出的"修订《环境保护法》"的要求，国家环保总局等部门围绕《环境保护法》修订做了大量准备工作，对一些修订涉及的重要问题进行了专题研究和论证，明确了法律的修订思路。

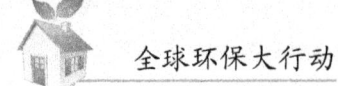

全国人大环资委有关立法专家表示，启动《环境保护法》修订工作的条件已经具备，建议将《环境保护法》的修订列入下一届全国人大常委会立法规划。

近年来，全国人大将环境保护作为立法和监督的一项重点内容，制定修改了多部与环境保护有关的法律，每年都进行与环保有关的执法检查，对推进各级政府依法行政、保护环境，以及形成全社会的合力起到了重要作用。

目前，通过立法机关和全社会的共同努力，我国环境保护法律制度日臻完善。

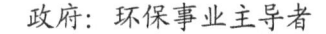

附 录：

中国重要环保法律法规

中华人民共和国海洋环境保护法（1982－08－23）

中华人民共和国野生动物保护法（1988－11－08）

中华人民共和国环境保护法（1989－12－26）

中华人民共和国大气污染防治法（2000－04－29）

中华人民共和国清洁生产促进法（2002－06－29）

中华人民共和国水法（2002－10－01）

中华人民共和国环境影响评价法（2002－10－28）

中华人民共和国放射性污染防治法（2003－06－28）

中华人民共和国固体废物污染环境防治法（2004－12－29）

中华人民共和国可再生能源法（2005－02－28）

中华人民共和国节约能源法（2007－10－30）

中华人民共和国水污染防治法（2008－02－29）

制定政策，推动环境保护

司法行为的作用更多是进行事前预警、事后补救，而行政行为可以发挥预先规划、控制的功能。政府通过实施环境影响评价制度，可以较大限度地减轻建设活动对环境的不良影响，减少新污染源的产生；通过颁发资源开发和排污许可证，可以对开发、建设活动的方式、方法、强度、规模、排污总量等进行控制；通过制定和颁布污染物排放标准，可以对企业排放污染物的种类和浓度进行控制；通过对企业的生产、经营活动进行环境监督，包括定期、不定期的监测、现场检查，可以及时发现环境违法行为，杜绝环境事故隐患。

围绕经济活动，各国通常会形成自己的产业环保政策。产业环保政策是指政府为了保护环境和生态平衡，合理利用自然资源，防治工业污染所采取的由行政措施、法律措施和经济措施所构成的政策体系。

除此之外，各国政府还推出各种环保举措，大力宣传环保理念，奖励民众的环保行为，在社会上形成良好的环保意识，让人们都加入到环保的实际行动中来。

各国政府环保妙招

国情不同，各国政府的环保政策也有很大差别，也有很多值得相互借鉴的地方。政府如何介入环保，引导环保，是一个需要长期探索和努力的事情，以下是各国政府采取的一些环保"招数"：

美国

垃圾处理有成效。美国是垃圾生产大国，而且有大量难以分解的化工垃圾，因此垃圾处理已成为一个重要行业。为了环境保护，变废为宝，不少研究机构和管理组织的专家在从事这方面的研究工作。各个州和城市，就不同行业的废弃物处理和再生利用作了具体规定，美国还尽量将各产业联合起来，让一个企业的废料成为另一个企业的原材料，使废弃物循环利用，再生产品的范

政府：环保事业主导者

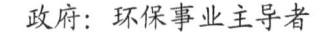

围不断扩大。

在联邦和各州政府的多年努力下，美国环保工作有法可依，有章可循。更重要的是，保护环境深入人心，早已成为普通美国民众的自觉行动。以日常生活垃圾分类为例，目前在美国城镇乡村，居民家中几乎都备有三个颜色不同的大垃圾桶，用来进行垃圾分类。蓝色的桶用来装可回收再利用的垃圾，如报纸、纸屑、塑料瓶、易拉罐、玻璃瓶和各种金属等；绿色的桶用来装果皮、杂草和树木的残枝败叶等；黑色的桶用来装无法回收的生活垃圾。每家都自觉严格地进行垃圾分类。垃圾处理公司每周将这些经过分类的垃圾运到不同的垃圾场进行处理：蓝桶垃圾被送到造纸厂和塑料厂等进行再生产；绿桶垃圾被运到堆肥场，经高温处理后被制成肥料。

中国垃圾处理起步晚，垃圾无害化处理率还很低

全球环保大行动

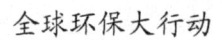

由于全社会积极参与，美国在垃圾处理和回收方面成绩斐然。在洛杉矶和旧金山等一些大城市，目前垃圾回收率已达到60%以上，不少城市还计划到2010年将垃圾回收率提高到75%。

巴西

建立环境仲裁院。巴西于2001年在里约热内卢建了该国的第一个环境仲裁院，这个仲裁院是由一些环保领域的律师和专家组成的，目的是为巴西各级机构以及法人和自然人之间广泛存在的环保争端提供便捷的解决方式。仲裁院院长阿尔弗莱多·罗德里格斯律师说："在巴西，对环保纠纷进行仲裁仍是一块处女地。因此，我们这个团体完全由专家组成，他们都具有仲裁员资格，能够作出足够权威的裁决。"罗德里格斯表示，环境仲裁院是个民间组织，不从属于任何司法机构，只依据有关环保的法律来工作。

德国

对一次性饮料瓶征税。德国是世界上环境保护政策最严格的国家，也是第一个绿党进入议会的国家。有一段时间，"生态"一词成了好公民的口头禅。从香蕉到套头衫，都要是"生态"的才行。无论是反对核动力的辩论还是与毁坏森林的酸雨的斗争，"生态"问题总是一个中心问题。虽然在20世纪80年代的时候人们还认为生态与发展经济水火不相容，而今天的经济界却有了新的认识，即可以利用"生态"问题赚钱："不论在洗衣粉、牙膏还是汽车等生产行业中，有环保意识就可以生财。"

为提高饮料瓶的再利用率，德国还将对一次性饮料瓶征税。

尽管德国包装业界强烈反对这样做，但德国环境部认为，对啤酒和矿泉水等饮料的包装瓶进行征税，是很有必要的。

日本

变废为宝的垃圾焚烧站。日本在大城市核心区焚烧的垃圾比任何发达国家都多。丰岛区垃圾站是在东京1200万密集人口中，昼夜不间断运转的21座大型垃圾焚烧站之一。它每天处理300吨垃圾，然后将它变成电、热水和一种可再利用的渣土。更不同寻常的是，这些垃圾站并没有散发刺鼻的怪味。

世界上大多数国家都是通过垃圾掩埋法处理其大部分垃圾，日本3/4的垃圾则是通过世界上数量最多的焚烧炉来焚烧的。20世纪90年代，这种垃圾处理方式使日本的二噁英水平达到危险的程度，但此后日本运用先进技术纠正了这一问题。

日本城里的垃圾焚烧站不仅无味、无烟，不散发致命物质，而且通常看上去很美。实际上，许多垃圾焚烧站的建筑都十分壮观，有些甚至成为旅游热点。在东京，每年来丰岛区垃圾焚烧站参观的人数达到18.6万左右，其中大多数参观者都是垃圾站所在社区的居民。他们主要是来垃圾站漂亮而便宜的健身中心游泳、锻炼的。这里的游泳池是由焚烧垃圾所产生的热能加热的，健身房所用的电是从与垃圾焚烧炉相连的汽轮机里产生出的。足够2万家庭用的剩余电量则卖给了东京市内的高压输电网。丰岛区垃圾焚烧站还拥有一个老人诊所。焚烧炉里的灰烬被溶化成用于生产沥青、砖和水泥的一种渣土。垃圾焚烧站内的气压通常保持在偏负压状态，这样能从社区吸入新鲜空气并防止怪味泄露

出去。

新加坡

"口香糖在家偷着用"。早在1992年，新加坡政府就颁布了进口及销售口香糖的禁令，因为有一些缺乏公德意识的人总是四处乱吐口香糖残渣。为了维护新加坡花园城市的清洁，政府规定，除游客带一些供自己食用以外，走私口香糖的人将被处以1年的监禁和最高达1万美元的罚款。至今，这项法令实施已逾16年，新加坡人早已习惯了没有口香糖的生活。街上大大小小的商店里根本见不到口香糖，公共场所基本上看不到口香糖的残渣。只是在节假日，新加坡人偶尔会去邻近的马来西亚购买一些口香糖，回家后"偷偷"食用。

加拿大

棺木也环保。已经连续三次被联合国评为世界上最适合人类居住的国家之一，地大物博，人口稀少，自然环境优越。取得这样的成就，是全社会共同努力的结果：既包括公众的高度认识与广泛参与，也包括政府切实可行的环境保护政策。现在，加拿大人不再喜欢用传统土葬和火葬方式了。传统棺材使用金属锁扣，内部装精致纺织品，棺材内外的漆一层又一层，这些物质被土地吸收后，会流入地下水造成污染。而火葬也极为浪费燃料能源。因此，环保棺木应运而生。它用坚果油或蜂蜡代替油漆，使用木质锁扣，内部用棉织物装潢。几十年后，这些材质可完全被土地吸收而无任何污染问题。

政府：环保事业主导者

澳大利亚

启动一个发展清洁煤技术的重大计划。该计划将在减少温室气体排放方面发挥重要作用，显示澳大利亚作为全球最大的煤出口国将正视自己的责任。澳总理介绍由政府出资7000万美元创立的该机构将开发捕获煤排放和安全贮存技术。他表示："虽然碳捕获和贮存不是应对气候变化的唯一解决途径，但它是全球向低碳经济转变的一个重要组成部分，该转变和18个世纪的工业革命和现代的信息革命一样意义重大。"该计划的目标是到2020年在全球发展20个有商业价值的碳捕获和贮存工厂。他还指出发展此类技术是必要的，因为煤仍将是全球未来许多年的主要能源来源。计划提议7个月来，已有85个国家、企业和研究机构签署加入该研究所。

中国构建环保政策体系

中国政府高度重视环境保护，加强环境保护已经成为基本国策，社会各界的环保意识普遍提高。1992年联合国环境与发展大会后，中国组织制定了《中国21世纪议程》，并综合运用法律、经济等手段全面加强环境保护，取得了积极进展。中国的能源政策也把减少和有效治理能源开发利用过程中引起的环境破坏、环境污染作为其主要内容。过去的大部分时期，采取的是"先发展，后治理"的战略。毫无疑问，这一战略在带来较快的经济增长速度的同时，也造成了对环境的破坏。因此，中国政府对新时期环境保护工作思路做了重大调整，提出要实现环保工作的"三

个历史性转变",即从重经济增长轻环境保护转变为保护环境与经济增长并重,从环境保护滞后于经济发展转变为环境保护和经济发展同步,从主要用行政办法保护环境转变为综合运用法律、经济、技术和必要的行政办法解决环境问题。中国政府注重经济结构的调整和经济发展方式的转变,制定和实施了一系列产业政策和专项规划,将降低资源和能源消耗作为产业政策的重要组成部分,推动产业结构的优化升级,努力形成"低投入、低消耗、低排放、高效率"的经济发展方式。

2008年年初,中国环保总局公开表示要建立一套符合市场经济要求的环境政策,按照市场经济规律的要求,运用价格、税收、财政、信贷、收费、保险等经济手段,调节或影响市场主体的行为,以实现经济建设与环境保护协调发展的政策手段。它以内化环境行为的外部性为原则,对各类市场主体进行基于环境资源利益的调整,从而建立保护和可持续利用资源环境的激励和约束机制。与传统行政手段的"外部约束"相比,环境经济政策是一种"内在约束"力量,具有促进环保技术创新、增强市场竞争力、降低环境治理成本与行政监控成本等优点。

据了解,我国准备构建的"环境经济政策"体系,包括环境税、环境收费、绿色资本市场、生态补偿、排污权交易、绿色贸易、绿色保险等七个方面内容。

国家环保总局副局长、中国环境文化促进会会长潘岳说,这七项政策,在国内外学术界、各相关部门都已经反复探讨过,不是什么新东西,但是在我国政策实践中却迟迟没有推行。一个很

重要的原因是它涉及各个部门、各个行业和各个地区之间的权能和利益调整。他表示，现在是我们超越部门利益、地区利益和行业利益的时候了，任何一个宏观经济部门和拥有环保权能的专业部门愿意来主导推行环境经济政策，环保总局都会大力配合，甘做配角。

潘岳认为，环境经济政策体系对我国来说，是一种制度创新，为了保障这一创新能够落实，需要相关措施扎实跟进。在征收环境税方面，将涉及专项环境税、与环境相关的资源能源税和税收优惠，以及消除不利于环保的补贴政策和收费政策。环保总局已向财政部门提供了第一批"两高一资"（高能耗、高污染、资源性）化工产品的黑名单。

环保总局正研究独立型的环境税方案。目前已建议税务部门对生产重污染的产品征收环境污染税，未来将进一步研究开征污染排放税与一般环境税，条件成熟时还可设计不同的纳税政策。

国家环保总局还将联合证监会，对上市公司进行环保核查，评价其环境绩效；联合保监会，在环境事故高发的企业和区域推行环境污染责任险试点；联合商务部，加强对出口企业环境管理，限制不履行社会责任的企业产品出口。

国家环保总局最近几年来掀起几轮"环保风暴"，采用区域限批、流域限批等方式来干预对环境的破坏，收到较好的效果。然而，这些全是行政手段，是现有法规制度框架内的最大创新，虽然在短时间内立竿见影，但长期效果却十分有限。

面对严峻的环境形势，除了环境指标的考核问责制度未到位

外，从经济上讲，还缺乏一套激励各级政府和企业长期有效配置环境资源的机制。

潘岳说，我国目前环境经济手段很少，更没有形成一个完整独立的政策体系。原因之一是没算好两笔账。一笔是照目前高能耗、高污染的模式发展下去，也就是不实行环境经济新政策，我们重化工业的发展空间还有多大，还将付出多少环境资源代价？第二笔是实行了环境经济新政策后，我们的GDP增长速度要下降多少？政策实施和增长模式转型成本到底有多大？中国经济社会发展能否承受得起？"算不清这两笔账，决策起来就少了些科学依据。双赢的道路变成了两难的选择。"潘岳说，形势不允许在"万事俱备"下再去实施那些理想的环境经济政策，只能边算账、边研究、边试点、边总结，联合各方力量推动建立环境经济政策体系框架。

"环境经济政策"即将全面进入我国的政策体系之中。我国的环境保护，正从"秋后算账"向"全程监控"转变。潘岳认为，环境经济政策一旦推行，对中国环保事业有重大意义。

中国的"绿色崛起"

中国是一个发展中国家，目前正面临着发展经济和保护环境的双重任务。从国情出发，中国在全面推进现代化建设的过程中，把环境保护作为一项基本国策，把实现可持续发展作为一个重大战略，在全国范围内开展了大规模的污染防治和生态环境保护。改革开放以来，中国国民生产总值以年均10%左右的速度持

政府：环保事业主导者

续增长，中国崛起已是一个不争的事实。作为国际社会的一名成员，中国在致力于保护本国环境的同时，积极参与国际环境事务，努力推进环境保护领域的国际合作，认真履行所承担的国际义务。所有这些，充分反映了中国政府和人民保护全球环境的诚意和决心。中国不仅需要自主的崛起，还需要开放的崛起；不仅需要快速的崛起，更需要"绿色崛起"。

2001年，中国提出了"绿色奥运、科技奥运、人文奥运"的三大理念，并对世界作出庄严的承诺："我们有能力、有信心将2008年北京奥运会办成一届令人难忘的盛会。"而对"绿色奥运"，北京奥申委更是向世界作出了7项具体绿化美化的承诺。①政府职能部门在行动。控制煤烟型污染、治理机动车尾气排放、推广清洁能源，空气质量在改善；污水处理、河湖治理、中水及再生水利用，水环境在改善；推进城区垃圾无害化处理和垃圾分类，固体废弃物管理在加强；推广城区绿化、积极开展野生动物救护和繁育工作，生态保护在加强；优先扩展公共交通系统、大力推进轨道交通运营，交通污染防治在跟进。②民间环保志愿者在行动。北京奥组委环境顾问廖晓义创办的环保组织"地球村"和其他民间组织一起，站在非政府组织的位置上努力实践。2004年，在奥组委的支持下，"地球村"连同其他19家民间组织推行"冬天调低1摄氏度，夏天调高1摄氏度"酒店节能承诺，把环保节能宣传卡送至80余家奥运签约酒店；2006年9月22日"国际无车日"，在北京倡议"每月少开一天车"，得到20万有车族响应。

全球环保大行动

"每月少开一天车"，成为 2006 年北京的流行语

近 10 年来，环保组织在我国环境保护历程中，发挥了积极作用。环保民间组织已经成为推动我国和世界环境事业发展不可或缺的力量。

2004 年 9 月，圆明园湖底防渗工程开始实施。2005 年 3 月，兰州大学张正春教授到圆明园游览，发现了此工程，质疑圆明园湖底防渗工程破坏园林生态。4 月 13 日，就此工程的环境影响等问题，国家环保总局举行听证会，各环保组织代表在会上发言，明确表态反对防渗工程，并提出环保民间组织应介入圆明园环评。7 月 15 日，由民间组织发起的"圆明园生态与遗址保护第二次研讨会"在北京召开。与会的环保民间组织代表、环保界专家学者就圆明园防渗工程及相关问题再次进行了探讨。8 月 15 日，圆明园防渗湖整改工程启动，9 月 7 日，开始注水。9 月 27 日，圆明园水面恢复。这是环保民间组织深入参与环保行动的重要事件。

政府：环保事业主导者

2009年6月5日，是第38个世界环境日，国家环境保护部发布了《2008年中国环境状况公报》。人们欣喜地看到我国在污染减排、环境基础设施建设、重点流域污染防治、推进生态文明建设等方面取得了积极成效，环境保护工作正迈出坚实的步伐。

水面恢复后的圆明园

根据公报可以看到，我国实施的工程减排、结构减排和监管减排三大措施正在稳步发挥效益：在工程减排上，全国新增城市污水处理能力1149万吨/日，新增燃煤脱硫机组装机容量9712万千瓦；在结构减排上，淘汰和停产整顿污染严重的造纸企业1100多家，关停小火电1669万千瓦，淘汰了一批钢铁、有色金属、水泥、焦炭、化工、印染等落后产能；在监管减排上，各地减排统计监测和执法监管能力进一步加强，省级环保部门污染源在线监控系统陆续建成。

全球环保大行动

环评制度在推动减排中也发挥了重要作用。环保部门对符合环保准入条件的项目开通"绿色通道",对"两高一资"项目严格把关。2008年,环境保护部共否决或暂缓审批了156个"两高一资"项目,批复的579个项目通过落实减排措施,每年能够削减二氧化硫46.86万吨、化学需氧量3.84万吨。

成绩的取得还得益于各级政府进一步转变观念,变被动减排为主动减排,采取多种责任追究手段,有力地推动了污染减排工作的深入开展。山东、河北等地对未完成年度目标的县市主管领导给予了行政记过或撤职处理,安徽、福建、江西等地对减排工作进展不力的县区实行了区域限批,广东、北京等地通过财政补贴支持企业淘汰落后产能,上海、宁夏、陕西等地通过"以奖代补"激励企业减排……

由于近年来连续发生水污染事件,对我国水环境的治理日益受到社会的关注。2008年,我国流域污染防治工作稳步推进。淮河、海河等7项水污染防治"十一五"规划已经国务院批复实施。组织开展了太湖、巢湖、三峡库区生态安全评价,全面启动了生态安全监测工作,为深化湖泊综合治理奠定了基础。

我国还组织开展了全国县城集中式饮用水水源地环境基础状况调查,检查集中式饮用水源地1.5万个,督促4600多个保护区落实整改措施,进一步维护了群众的饮水安全。

我国环境执法监察力度也进一步加大,重点督察了2005年以来全国各级挂牌督办的16000多件案件以及2007年整治的8000多家造纸企业,关闭621家不符合产业政策和排污总量指标

的造纸企业，进一步巩固了整治成效。

国家环保基础能力建设进一步加强。2008年中央环保投资达到340亿元，比2007年增长百亿元。污染减排三大体系建设项目实施后，将建成污染源监控中心363个，新增36个水质自动监测站，配备执法车3900辆，形成国家、省、市、县四级信息传输系统和3个数据分析平台。

污染源普查、中国环境宏观战略研究和"水专项"是我国环保三大基础性战略性工程。目前三大工程进展顺利，指导当前、谋划长远的作用初步显现。污染源普查顺利完成了普查入户填报、数据录入、质量核查、上报汇总、审核整改等工作，进入总结发布阶段；中国环境宏观战略研究已基本完成，提出了"以人为本、科学发展、环境安全、生态文明"的战略思想及一系列政策建议；水体污染控制与治理科技重大专项全面启动。

2008年我国还成功发射环境与灾害监测小卫星，为完善环境污染与生态变化及灾害监测、预警、评估、应急救助指挥体系提供了良好平台。

此外，2008年国家推动绿色信贷、绿色保险、绿色贸易、绿色税收等一系列环境经济政策的实施和深化，也减轻了我国经济增长的环境代价。

在肯定成绩的同时，环境状况公报也对我国环保工作存在的问题敲响了警钟：2008年全国突发环境事件总体呈上升趋势，环境保护部直接处理的突发环境事件135起，比上年增长22.7%，其中重大环境事件12起，比上年增加4起。

全球环保大行动

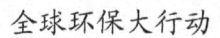

在我国200条河流409个断面中，劣Ⅴ类水质的断面比例仍达到20.8%。黄河、淮河、辽河为中度污染，海河为重度污染。在监测营养状态的26个湖泊（水库）中，呈富营养状态的湖（库）占46.2%。

农村环境问题日益突出，生活污染加剧，面源污染加重，工矿污染凸显，饮水安全存在隐患，呈现出污染从城市向农村转移的态势……

《2008年中国环境状况》显示，中国地表水污染依然严重

"我国面临的环境形势仍然十分严峻。一是地表水的污染依然严重；二是全国近岸海域水质总体为轻度污染；三是部分城市污染仍较重；四是农村环境问题日益突出。"环境保护部副部长张力军说。

我国环境保护工作仍然任重道远、充满挑战。未来，各级环保部门还将采取一系列措施，有效控制污染物排放，加强环境执

法力度，尽快改善重点流域、重点区域和重点城市的环境质量，加强农村污染防治……减少污染，中国在行动。相信有了政府部门的重视和努力，加上企业、社会公众等的共同推动，碧水蓝天、人与自然和谐相处、可持续发展的美好未来不会遥远，也是环保民间组织与政府合作的典范。

中国经过20多年的不懈努力，在环境保护方面取得了举世瞩目的成就。但是，中国政府清醒地认识到，中国正处在迅速推进工业化的发展阶段，加上粗放的生产经营方式，资源浪费和环境污染相当严重。随着人口增加和经济发展，这个问题可能更加突出。解决历史遗留的环境问题和控制发展过程中出现的环境问题，仍然是一项长期而艰巨的任务。人类在解决环境与发展问题上面临的困难还很多，道路还很漫长。中国将一如既往地与世界各国同舟共济、携手合作、积极行动，为保护人类生存的地球环境和共同繁荣而奋斗。

中国的"绿色承诺"

随着国际社会对加强国际合作，解决全球环境问题认识的提高，利用国际环境公约的手段来保护日益恶化的环境已被世界各国普遍认为是一种有效的方式。由于国际环境公约对中国的国民经济和社会发展具有深远的影响，所以完善国家参与国际环境公约的策略，制定执行国际环境公约的战略和行动计划，将有利于国家通过参加国际环境公约促进环境、社会和实现可持续发展。

以下是中国对几个重要的国际环境公约的履行状况：

全球环保大行动

《联合国气候变化框架公约》和《京都议定书》

《联合国气候变化框架公约》（以下简称《气候公约》）和《京都议定书》（以下简称《议定书》），奠定了应对气候变化国际合作的法律基础，凝聚了国际社会的共识，是目前最具权威性、普遍性、全面性的应对气候变化国际框架。中国积极参与国际社会应对气候变化进程，在国际合作中发挥着积极的建设性作用。中国主张坚定不移地维护《气候公约》和《议定书》作为应对气候变化核心机制和主渠道的地位。其他多边和双边的合作，都应该是《气候公约》和《议定书》的补充和辅助。

《京都议定书》简图

中国本着"互利共赢、务实有效"的原则积极参加和推动应对气候变化的国际合作，发挥了建设性作用。近年来，中国国家主席和国务院总理分别在八国集团同发展中国家领导人对话会

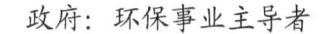

议、亚太经合组织会议、东亚峰会、博鳌亚洲论坛等多边场合以及双边交往中，阐述了中国对于气候变化国际合作的立场，积极推动应对气候变化的全球行动。

中国长期以来积极参加和支持《气候公约》和《议定书》框架下的活动，努力促进《气候公约》和《议定书》的有效实施。中国专家积极参加政府间气候变化专门委员会的工作，为相关报告的编写做出了贡献。中国认真履行本国在《气候公约》和《议定书》下的义务，于2004年提交了《中华人民共和国气候变化初始国家信息通报》，并于2007年6月发布《应对气候变化国家方案》和《中国应对气候变化科技专项行动》。

在多边合作方面，中国是碳收集领导人论坛、甲烷市场化伙伴计划、亚太清洁发展和气候伙伴计划的正式成员，是八国集团和5个主要发展中国家气候变化对话以及主要经济体能源安全和气候变化会议的参与者。在亚太经合组织会议上，中国提出了"亚太森林恢复与可持续管理网络"倡议，并举办了"气候变化与科技创新国际论坛"。中国努力推动气候变化领域中国际社会的交流与互信，促进形成公平、有效的全球应对气候变化机制。

在双边方面，中国与欧盟、印度、巴西、南非、日本、美国、加拿大、英国、澳大利亚等国家和地区建立了气候变化对话与合作机制，并将气候变化作为双方合作的重要内容。中国一直在力所能及的范围内，帮助非洲和小岛屿发展中国家提高应对气候变化的能力。《中国对非洲政策文件》明确提出，积极推动中非在气候变化等领域的合作。中国政府分别举办了两期针对非洲

和亚洲发展中国家政府官员的清洁发展机制项目研修班，提高了这些国家开展清洁发展机制项目的能力。

中国积极与外国政府、国际组织、国外研究机构开展应对气候变化领域的合作研究，内容涉及气候变化的科学问题、减缓和适应、应对政策与措施等方面，包括中国气候变化的趋势、气候变化对中国的影响、中国农林部门的适应措施与行动、中国水资源管理、中国海岸带和海洋生态系统综合管理、中国的温室气体减排成本和潜力、中国应对气候变化的法律法规和政策研究，以及若干低碳能源技术的研发和示范等。中国积极参与相关国际科技合作计划，如地球科学系统联盟（ESSP）框架下的世界气候研究计划（WCRP）、国际地圈—生物圈计划（IGBP）、国际全球变化人文因素计划（IHDP）、全球对地观测政府间协调组织（GEO）、全球气候系统观测计划（GCOS）、全球海洋观测系统（GOOS）、国际地转海洋学实时观测阵计划（ARGO）、国际极地年计划等，并加强与相关国际组织和机构的信息沟通和资源共享。

中国积极推动和参与《气候公约》框架下的技术转让，努力创建有利于国际技术转让的国内环境，并提交了技术需求清单。中国认为，《气候公约》框架下的技术转让不应单纯依靠市场，关键在于发达国家政府应努力减少和消除技术转让障碍，采取引导和激励政策与措施，在推动技术转让过程中发挥作用。对于尚在研发之中的应对气候变化的关键技术，应依靠国际社会广大成员国的合力，抓紧取得突破性进展，并为世界各国所共享。

政府：环保事业主导者

中国重视清洁发展机制在促进本国可持续发展中的积极作用，愿意通过参与清洁发展机制项目合作为国际温室气体减排做出贡献。通过国际合作，中国进行了清洁发展机制方面的系统研究，为国际规则和国内政策措施的制定提供了科学基础，为各利益相关方提供了有益信息；进行了大量的能力建设活动，提高政府部门、企业界、学术机构、咨询服务机构、金融机构等推动清洁发展机制项目开发的能力。完善了相关的国内制度，制定和颁布《清洁发展机制项目运行管理办法》。到2008年7月20日，中国在联合国已经成功注册的清洁发展机制合作项目达到244个，这些项目预期的年减排量为1.13亿吨二氧化碳当量。清洁发展机制项目有效促进了中国可再生能源的发展，推动了能源效率的提高，极大加强了相关政府部门、企业、组织和个人的气候变化意识。中国认为，清洁发展机制作为一种比较有效和成功的合作机制，在2012年后应该继续得到实施，但应进一步促进项目实施中的公平、透明、简化、确定性和环境完整性，并促进先进技术向发展中国家转移，东道国应该在清洁发展机制项目开发中扮演更加重要的角色。

中国政府于1990年成立了应对气候变化相关机构，1998年建立了国家气候变化对策协调小组。为进一步加强对应对气候变化工作的领导，2007年成立国家应对气候变化领导小组，由国务院总理担任组长，负责制定国家应对气候变化的重大战略、方针和对策，协调解决应对气候变化工作中的重大问题。2008年在机构改革中，进一步加强了对应对气候变化工作的领导，国家应对

气候变化领导小组的成员单位由原来的18个扩大到20个，具体工作由国家发展和改革委员会承担，领导小组办公室设在国家发展和改革委员会，并在国家发展和改革委员会成立专门机构，专门负责全国应对气候变化工作的组织协调。为提高应对气候变化决策的科学性，成立了气候变化专家委员会，在支持政府决策、促进国际合作和开展民间活动方面做了大量工作。

2007年国务院要求各地区、各部门结合本地区、本部门实际，认真贯彻执行《应对气候变化国家方案》。建立健全应对气候变化的管理体系、协调机制和专门机构，建立地方气候变化专家队伍，根据各地区在地理环境、气候条件、经济发展水平等方面的具体情况，因地制宜地制定应对气候变化的相关政策措施，建立与气候变化相关的统计和监测体系，组织和协调本地区应对气候变化的行动。

在波兹南举行的联合国气候变化大会上，加拿大环境部长吉姆·潘迪斯拿大会把气候变化问题作为优先问题来处理。他说："经济环境确实很重要，但是我们协商的国际协议既是为了削减碳排放，也要防止经济出现上下波动。"但是加拿大政府将问题集中于降低排放强度，而非《京都议定书》要求的削减绝对排放量。

《斯德哥尔摩公约》

《斯德哥尔摩公约》是国际社会为保护人类免受持久性有机污染物危害而采取的共同行动，是继《蒙特利尔议定书》后第二个对广大发展中国家具有明确强制减排义务的环境公约。该公约

的落实，对人类社会的可持续发展具有重要意义。在世界各国的共同努力下，从2001年5月到目前为止，共有164个国家签署了要力争淘汰杀虫剂类持久性有机污染物的《斯德哥尔摩公约》。

在国务院的正确领导下，在各有关部门、行业、企业和专家的共同努力下，在国际社会的大力支持和帮助下，经过8年奋战，中国履约工作取得积极进展。国务院批准了《中国履行斯德哥尔摩公约国家实施计划》（以下简称《国家实施计划》），确定了我国履约目标、措施和具体行动；组建了环境保护部牵头、由各相关13个部门共同组成的国家履约工作协调组，利用国内外资金，开展了滴滴涕、氯丹和灭蚁灵替代技术评估与示范，完善了相关管理政策和技术标准，强化了履约监督和管理能力，开展了广泛的宣传和技能培训，同时注重调动行业和企业自觉落实国家履约要求的积极性，为顺利完成履约淘汰任务奠定了坚实的基础。

为落实《国家实施计划》要求，2009年4月16日，环境保护部会同发展改革委等10个相关管理部门联合发布公告（2009年23号），决定自2009年5月17日起，禁止在我国境内生产、流通、使用和进出口DDT、氯丹、灭蚁灵及六氯苯（DDT用于可接受用途除外），兑现了我国关于2009年5月停止特定豁免用途、全面淘汰杀虫剂POPs的履约承诺。

《生物多样性公约》

该公约1992年6月5日订于里约热内卢，并于1993年12月29日生效。中国政府总理1992年6月11日在里约卢签署该公

约。1992年11月7日，全国人大常委会决定批准该公约。1993年1月5日，中国交存批准书；同年12月29日，该公约对我国生效。缔约国，意识到生物多样性的内在价值，和生物多样性及其组成部分的生态、遗传、社会、经济、科学、教育、文化、娱乐和美学价值，还意识到生物多样性对进化和保护生物圈的生命维持系统的重要性，确认保护生物多样性是全人类共同关切的问题。重申各国对它自己的生物资源拥有主权权利，也重申各国有责任保护它自己的生物多样性，并以可持久的方式利用它自己的生物资源，关切一些人类活动正导致生物多样性的减少。意识到普遍缺乏关于生物多样性的信息和知识，亟需开发科学、技术和机构能力，从而提供基本理解，据以策划与执行适当措施。注意到预测、预防和从根源上消除导致生物多样性严重减少或丧失的原因至为重要；并注意到生物多样性遭受严重减少或损失的威胁时，不应以缺乏充分的科学定论为理由，而推迟采取旨在避免或尽量减轻此种威胁的措施。注意到保护生物多样性的基本要求，是就地保护生态系统和自然环境，维持恢复物种在其自然环境中有生存力的种群，并注意到移地措施，最好在原产国内实行，也可发挥重要作用。认识到许多体现传统生活方式的土著和地方社区同生物资源有着密切和传统的依存关系，应公平分享从利用与保护生物资源及持续利用其组成部分有关的传统知识、创新和实践而产生的惠益；并认识到妇女在保护和持续利用生物多样性中发挥极其重要的作用，并确认妇女必须充分参与制订和实施保护生物多样性的各级政策。强调为了生物多样性的保护及其组成部

政府：环保事业主导者

分的持续利用，促进国家、政府间组织和非政府部门之间的国际、区域和全球性合作的重要性和必要性，承认提供新的和额外的资金和适当取得有关的技术，可对全世界处理生物多样性丧失问题的能力产生重大影响。进一步承认有必要订立特别的条款，

在国内，生物多样性最为丰富的是云南省，其次是四川省

以满足发展中国家的需要，包括提供新的和额外的资金和适当取得有关的技术。注意到最不发达国家和小岛屿国家这方面的特殊情况，承认有必要大量投资以保护生物多样性，而且这些投资可望产生广泛的环境、经济和社会惠益。认识到经济和社会发展以及根除贫困是发展中国家第一和压倒一切的优先事务。意识到保护和持续利用生物多样性对满足世界日益增加的人口对粮食、健康和其他需求至为重要，而为此目的取得和分享遗传资源和遗传技术是必不可少的。注意到保护和持续利用生物多样性最终必定

增强国家间的友好关系，并有助于实现人类和平。期望加强和补充现有保护生物多样性和持久使用其组成部分的各项国际协议，并决心为今世后代的利益，保护和持续利用生物多样性。

2009年2月20~22日，联合国环境署第10届特别理事会暨全球环境部长论坛在摩纳哥召开。本届特理会和部长论坛主要有两个议题，一是全球化与环境：筹集资金应对气候变化的挑战。二是加强国际环境管理，推动联合国改革。2月20日是部长级会议讨论的第一天，主要议题是筹集资金应对气候变化的挑战，特别是国家政策如何促进私营部门的投资。中国代表团在就上述议题作发言时指出，气候变化作为当今国际社会高度关注的一个全球性问题，事关全人类的生存与发展，需要国际社会的共同努力。其中适应和减缓气候变化是所有国家特别是发展中国家面临的紧迫任务。根据气候变化框架公约，发达国家应为发展中国家应对气候变化提供资金，应扩大现有资金机制的规模和来源，并按巴厘岛路线图的规定，向发展中国家提供可测量、可报告和可核实的资金支持。政府公共部门、国际金融组织和国际援助机构是应对气候变化挑战的主要投资者，地方企业和金融部门是应对气候变化融资的基础和重要力量，促进私营企业为气候变化投资需要政府部门的正确引导和激励机制。

企业：环境的破坏者与改造者

近年来，随着世界经济的快速发展，大规模的经济活动造成了自然资源的日益枯竭，生态环境严重受到污染。一直以来，企业都是经济活动的主体，在为人类创造美好生活的同时，也不可避免地对地球环境带来大大小小的破坏。随着世界范围内环保意识的不断增强，环保观念的不断更新，企业在环境保护中的角色也在不断变化着，日渐成为环境保护的参与者、践行者。

特别是在生态环境建设，形成节约能源资源和保护生态环境的产业结构、增长方式、消费模式，形成较大规模的循环经济，提升可再生能源比重，有效控制主要污染物排放等方面，企业都将发挥着重要作用。

面对日益严重的环境问题，许多企业都在纷纷投身于环保事业，助力各种各样的环保公益活动，不断地在经济发展和自然保护之间寻找一个平衡点。自觉履行环保社会责任，积极参与建设生态文明的伟大实践，是企业实现可持续发展、建设环境友好型社会的必然选择。

也就是说，企业不仅要减少对地球的环境破坏，还必须成为地球环境保护的主力军。那么作为地球环境的保护者，企业需要做些什么呢？无论是从地球环境对企业的要求而言，还是从企业本身的实践而言，企业所做的主要集中在企业设计、生产过程中的环保；企业销售、回收过程中的环保；企业的节能减排；企业的环保产品以及企业助力公益活动等方面。

企业的环保社会责任

企业的社会责任，这一概念在20世纪20年代，随着资本的不断扩张而引起一系列社会矛盾，诸如贫富分化、社会贫困，特别是劳工问题和劳资冲突等而被广泛提出。20世纪80年代，企业社会责任开始在欧美发达国家逐渐兴起。

1996年6月，欧美的商业组织及相关组织召开了制定企业社会责任规范的初次会议。2000年7月《全球契约》论坛第一次高级别会议召开，参加会议的50多个著名跨国公司的代表承诺，在建立全球化市场的同时，要以《全球契约》为框架，改善工人工作环境、提高环保水平。2002年联合国正式推出《联合国全球协约》，协约共有9条原则，包括人权、劳工标准和环境方面，联合国恳请公司对待其员工和供货商都要遵守其规定的9条原则。现在西方社会在对企业进行业绩评估时已经将社会责任作为一项重要指标。企业的社会责任要解决的一个重要问题是环境保护，它涉及企业与公众的矛盾、企业与消费者的矛盾。

企业社会责任的内容不是一成不变，而是与时俱进的。就当

前而言，企业除了要承担进行商品生产，发展生产力的基本社会责任外，环保也是企业应主要承担的社会责任之一。环保不应该是一个企业在经济发展之后的补偿，而是在建立之初就该具有的社会责任。企业所承担环保责任，同样也是对社会的一种回报。

具体说来企业需要承担的环保社会责任主要分为两个方面：

（1）企业需要承担可持续发展与节约资源的责任。对于中国而言，中国是一个人均资源特别紧缺的国家，企业的发展一定要与节约资源相适应。作为企业家，一定要站在全局立场上，坚持可持续发展，高度关注节约资源，并要下决心改变经济增长方式，发展循环经济、调整产业结构。

（2）企业需要承担保护环境和维护自然和谐的责任。随着全球的经济发展，环境日益恶化，环境问题成了经济发展的瓶颈。为了人类的生存和经济持续发展，企业一定要担当起保护环境维护自然和谐的重任。

企业环保社会责任的实践是一个线性的过程，也就说随着企业环保意识的加强，企业将越来越重视环保问题，并循序渐进地采取环保措施减少对环境的影响。在这一过程中，从对环境不负责任到对环境负责，企业环保实践分为几个阶段。

根据企业对环保和社会问题的反应，可以将企业环保实践分为三个阶段：①社会义务阶段，也就是企业按照法规进行经营。在这个阶段，企业对利润的追逐受到法律的限制。②社会响应阶段，也就是企业按照社会上认同的环保价值观和环保期望进行经营。这个阶段，企业对利润的追逐受到社会舆论和期望的制约。

③社会责任阶段，也就是企业将社会责任和环保责任纳入企业内在价值观体系，在经营中主动地避免对社会和环境的破坏。

近年来，企业社会责任的理念得到我国社会各界的广泛认同，许多企业对社会责任问题给予了高度重视。国内外一批优秀企业，已经把提高环保意识，保护人类生存环境，促进企业与社会、人与自然的和谐、持续发展，作为21世纪现代企业神圣的社会责任与崇高的价值观，并作出了积极的探索与实践。

遵守环保法律法规，是企业履行社会责任的基本要求。当前，一些地方环境污染事故频发，严重影响人民群众正常生产生活。其中一个重要原因，就是一些企业见利忘义，置环保法律于不顾，逃避环境监管，靠违法排污降低成本，致使企业赚钱、群众受害、社会买单。每一个有社会责任感的企业，都应该主动学习并自觉遵守环保法律法规，要把遵纪守法作为企业生存发展的道德底线。

积极做好污染减排工作，是企业履行环保社会责任的首要任务。企业是污染减排的主体，要以对地球环境高度负责的精神，积极调整产业结构，保证污染治理设施正常运行，加大环境治理力度，努力削减污染负荷，让江河湖海休养生息。

建设环境文化，是企业履行环保社会责任的内在动力。实践证明，仅仅熟知环保法律法规，掌握环保科普知识，如果缺乏人与自然协调发展的环境道德观，就难以形成保护环境的内在动力。只有在企业职工中经常开展环境保护宣传教育，培养他们的环境道德意识，才能形成自觉自愿保护环境的良好社会风尚。

自觉接受公众监督,是企业履行环保社会责任的有利鞭策。环境问题与公众的切身利益息息相关。环境保护事业需要公众的积极参与,保障公众的环保知情权、参与权,既是政府的责任,也是企业的义务。加强与公众的交流,接受公众监督,可以积极鼓励和帮助企业在环保方面不断改进和提高,树立良好的社会形象。

企业践行环保社会责任实例

化工行业推行"责任关怀"

"责任关怀"是全球化工行业的自发行动,参与企业通过各国的化工行业协会,与各利益攸关方沟通协调,协力提高其在产品和生产工艺环节中的健康、安全和环保表现,承担应尽的社会责任。在2002年可持续发展世界峰会上,"责任关怀"被联合国环境规划署评为可持续发展重要贡献奖。

"责任关怀"有六大核心准则:①在技术、生产工艺和产品的各生命周期,持续提高在环境、健康和安全方面的理解和表现,避免对人和环境造成损害;②更有效利用资源并最大程度减少浪费;③公开行业现状、取得的成绩和存在的不足;④接触利益攸关方,听取意见并着力解决其关注的问题和期望;⑤与政府和相关组织合作,切实执行相关规定和标准,并力争超标准完成;⑥为产品链上各管理和使用环节的用户提供帮助和咨询,培养其对化学品的有效管理。

2002年,中国石油与化学工业协会与AICM签署推广"责任关怀"合作意向书。"责任关怀"这一理念逐渐为国内化工企业所接受，目前已有40多家国内化工企业和化工园区承诺履行"责任关怀"的要求。2005年6月14～16日，由中国石油和化学工业协会和国际化学品制造商协会联合主办的"共享全球经验——2005中国'责任关怀'促进大会"在北京召开。这是我国石油和化工行业首次举办的责任关怀大会。2007年4月6日，中国石油和化学工业责任关怀试点启动会议在北京召开，标志着推进责任关怀工作进入具体的实施阶段。

2008年5月29日，由国际化学品制造商协会（AICM）主办的"携手发展、共担责任：中国化工行业新形象－社会责任媒体圆桌会"在北京召开。会上，24家在中国有重大化工投资的AICM跨国会员企业共同签署了《"责任关怀"北京宣言》，承诺携手共担化工行业应尽的社会责任。AICM承诺在未来三四年内，与每个《"责任关怀"北京宣言》签字会员企业至少举行一次公众开放日，并将邀请媒体、当地政府和"责任关怀"合作伙伴共同合作。

"责任关怀"理念的推行，对促进全球石油和化工行业的可持续发展具有十分重要的意义。企业通过改善健康、安全和环境质量，可带来巨大的经济效益和社会效益。更为重要的是，通过推行"责任关怀"，既可为企业树立良好的形象，也可为石油和化学工业在公众中树立良好的行业形象。"责任关怀"的推行体现了化工行业对企业环保责任及社会责任的承担。

企业：环境的破坏者与改造者

企业绿色生产

企业要肩负起改善地球环境的重担，只是拥有环保观念和意识是不够的。还需要在确立环保意识和观念后努力去践行这些观念和承诺。这就要求企业在生产、销售、回收等各个环节进行环保。以下具体分析一下企业在生产设计方面的环保做法。

当今，世界上掀起一股"绿色浪潮"，环境问题已经成为世界各国关注的热点，并列入世界议事日程，将改变传统生产模式，推行绿色制造技术，发展相关的绿色材料、绿色能源和绿色设计数据库、知识库等基础技术，生产出保护环境、提高资源效率的绿色产品，如绿色汽车、绿色冰箱等，并用法律、法规规范企业行为，随着人们环保意识的增强，那些不推行绿色制造技术和不生产绿色产品的企业，将会在市场竞争中被淘汰，使发展绿色制造技术势在必行。

绿色生产涉及产品的整个生命周期，是个"大生产"的概念。传统的制造模式即"原料—工业生产—产品使用—报废—二次原料资源"，从设计、制造、使用一直到产品报废回收，整个寿命周期对环境影响最小，资源效率最高，也就是说要在产品整个生命周期内，以系统集成的观点考虑产品环境属性，改变了原来末端处理的环境保护办法，对环境保护从源头抓起，并考虑产品的基本属性，使产品在满足环境目标要求的同时，保证产品应有的基本性能、使用寿命、质量等。绿色制造技术是指在保证产品的功能、质量、成本的前提下，综合考虑环境影响和资源效率

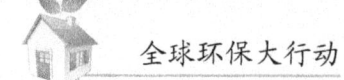

的现代制造模式。

绿色设计

传统的产品设计，通常主要考虑的是产品的基本属性，如功能、质量、寿命、成本等，很少考虑环境属性。按这种方式生产出来的产品，在其使用寿命结束后，回收利用率低，资源浪费严重，毒性物质严重污染生态环境，形成一个"从摇篮到坟墓"的过程。

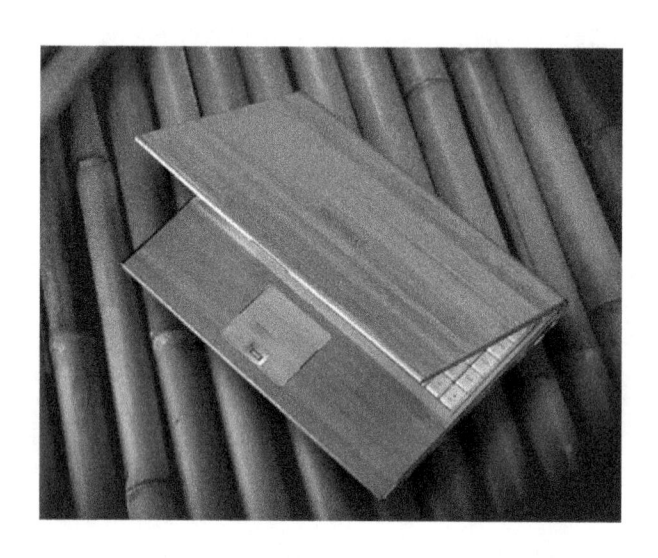

用竹材制作笔记本外壳的绿色设计，令人耳目一新

绿色设计的基本思想就是要在设计阶段就将环境因素和预防污染的措施纳入产品设计之中，将环境性能作为产品的设计目标和出发点，力求使产品对环境的影响达到最小。从这一点来说，绿色设计是从可持续发展的高度审视产品的整个生命周期，强调在产品开发阶段按照全生命周期的观点进行系统性的分析与评

价，消除潜在的、对环境的负面影响，力求形成"从摇篮到再现"的过程。

简单地说，绿色设计就是指在产品及其生命周期全过程的设计中，充分考虑对资源和环境的影响，在充分考虑产品的功能、质量、开发周期和成本的同时，优化各有关设计因素，使得产品及其制造过程对环境的总体影响和资源消耗减到最小。

绿色设计指的是在产品整个生命周期内，着重考虑产品对自然资源、环境影响，将可拆除性、可回收性、可重复利用性等要素融入到产品设计的各个环节中去。在满足环境要求的同时，兼顾产品应有的基本功能、使用寿命、经济性和质量等。实现绿色设计至少需要满足以下三个方面的要素：

1. 二次利用

要求产品及其零部件和附件外包装能够被反复使用。这就要求设计师在对产品进行设计建模的过程中，零部件结构要尽可能地简单化和标准化，这样，其用料不但少，节约了资源，而且由于是标准件，还可以对其进行回收再利用。制造商应该尽量延长产品的使用期，而不是非常快地更新换代。

2. 循环回收

要求生产出来的物品在完成其功能后能重新变成可以利用的资源，而不是不可恢复的垃圾。再循环有两种情况：①原级再循环，即废品被循环用来产生同种类型的新产品；②次级再循环，即将废物资源转化为其他产品的原料。从对这两种循环的定义来看，原级再循环能够更好地节省自然资源，也是绿色设计中提倡

的方式。

3. 节约资源

要求用较少的原料和能源投入来达到既定的生产或消费目的,进而从源头就注意节约资源和减少污染。

以上三种原则都着重注意了产品对环境的影响,那么该如何在产品设计中实施运用在绿色设计呢?这其中就包括了许多的方法,重要的有:绿色材料设计、产品绿色结构设计、绿色能耗设计、绿色包装设计、绿色制造过程设计等。

绿色材料选择

绿色产品首先要求构成产品的材料具有绿色特性,即在产品的整个生命周期内,这类材料应有利于降低能耗,环境负荷最小。

具体地说,在绿色设计时,材料选择应从以下几方面来考虑。

(1)减少所用材料种类使用较少的材料种类,不仅可以简化产品结构,便于零件的生产、管理和材料的标识、分类,而且在相同的产品数量下,可以得到更多的某种回收材料。

(2)选用可回收或再生材料使用可回收材料不仅可以减少资源的消耗,还可以减少原材料在提炼加工过程中对环境的污染。例如宝马(BMW)公司生产的Z1型汽车,其车身全部由塑料制成,可在20分钟内从金属底盘上拆除。车上的门、保险杠和前、后、侧面的操纵板都由通用公司生产的可回收利用的热塑性塑料制成。

(3) 选用能自然降解的材料。所谓"白色污染",是人们对塑料垃圾污染环境的一种形象称谓。它是指用聚苯乙烯、聚丙烯、聚氯乙烯等高分子化合物制成的各类生活塑料制品使用后被弃置成为固体废物,以致造成环境严重污染。农田里的废农膜、塑料袋长期残留在田中,会影响农作物对水分、养分的吸收,抑制农作物的生长发育,造成农作物的减产。我国目前使用的塑料制品的降解时间,通常至少需要200年。目前国内已成功研制出由可控光塑料复合添加剂生产的一种新型塑料薄膜,这种薄膜在使用后的一定时间内即可降解成碎片,溶解在土壤中被微生物吃掉,从而起到净化环境的作用。

清洁生产

相对于真正的清洁生产技术而言,这里所提到的清洁生产仅仅指生产加工过程。在这一环节,要想为绿色生产做出贡献,需从绿色制造工艺技术、绿色制造工艺设备与装备等入手。

在实质性的机械加工中,在铸造、锻造冲压、焊接、热处理、表面保护等过程中都可以实行绿色制造工艺。具体可以从以下几方面入手:改进工艺,提高产品合格率;采用合理工艺,简化产品加工流程,减少加工工序,谋求生产过程的废料最少化,避免不安全因素;减少产品生产过程中的污染物排放,如减少切削液的使用等。目前多通过干式切削技术来实现这一目标。

绿色工艺流程规划要根据制造系统的实际,探求物料和能源消耗少、废弃物少、对环境污染小的工艺方案和工艺路线,追求企业内供应链的优化。大量的研究和实践表明,产品制造过程的工艺方案不一样,物料和能源的消耗将不一样,对环境的影响也不一样。

企业绿色生产实例

我国家电行业内的企业积极开展涉足绿色生产,并在多年的实践过程中,在原料采购、生产、回收处理等环节形成了清洁生产的整套体系。在此,我们收集了一部分家电企业在绿色生产方面的经典案例和规范的操作过程,以供大家参考。

海尔:杜绝不合格材料导入

海尔以环境管理和能源管理作为保障,全面实施绿色生产。截至2007年年底,34个主导产品事业部全部完成绿色生产审核工作,绿色生产体系已全面建成,并实现年直接经济效益5000余万元,年减少废水排放15万吨,年减少COD排放300多吨。通过引入EMC能源管理合同模式,累计利用社会资金1000多万元,节能降耗工作经济效益显著,可持续发展能力已显著增强。

海尔为2008年北京奥运会提供了5353台二氧化碳自然冷媒冰箱和智能管理的静音冰箱,为运动员和媒体记者提供了舒适、安静的生活环境。在青岛奥林匹克帆船中心、北京网球中心和运动员餐厅铺设了2864平方米的太阳能集热板为海尔太阳能空调和太阳能热水器提供热量。每年可以节约241.5万千瓦时电,比常规能源估算减少二氧化碳的排放量约2140吨。

对于绿色生产,海尔电脑主要做了以下几件工作:①建立了ISO 14001国际环保体系的认证,从管理体系和系统上保证各个环节符合环保要求;②提前在产品规划、研发、制造、检验和供应商导入各个环节，对产品环保予以评审，不符合环保要求的不允许导入和采用；③海尔电脑现在的供应商都是国际化大供应商，供应商也都是获得ISO14001环保体系认证的企业，并且在制造过程中，均按照欧盟RoHS（《关于限制在电子电器设备中使用某些有害成分的指令》）环保标准执行，达到绿色制造的要求；④产品对环境的破坏性和危害性在产品研发阶段就决定了，海尔电脑在新产品开发阶段对产品的环保要求予以严格控制，不符合环保要求的都不会采用和导入，从设计开始就杜绝污染的介入；⑤对不符合环保要求的部件不采用、对不符合环保要求的供应商不导入和采用、对不符合环保要求的设计方案不采用。

长虹：环保意识贯穿每个环节

长虹公司在新产品开发过程中，对物料经常要进行多次替换性试验，努力寻求环保材料进行替代。据了解，长虹公司的环保不仅仅针对产品，也包括设备，因此在实验过程中，不仅对相关的设备进行改造，而且要优化研发设计方案。

长虹公司高度重视研发设计环节的节能环保工作，为了最大限度地节能减排，长虹在产品研发设计时，在保证质量的前提下，向轻薄化发展，并对包装箱进行优化，这样，既可节省大量的原材料，提高运输效率，减少尾气排放，同时也为消费者节省了产品放置空间。

在长虹的产品设计中，"标准化"已经成为共识。标准化器件便于替换，此外，长虹还在尝试遥控器的统一，将电视、空调、冰箱等家电的遥控器融为一体，这些都将大大减少原材料的

使用。

据了解，长虹多媒体产业公司在研发设计时，把环保理念融入每一个环节，早在2007年，长虹就成功推出"氧吧电视"，该产品内置负氧离子发生器，用户在观看电视节目的同时，可以根据需要启动，一边看电视一边体验智能的负氧享受。

长虹的生态空调在行业内已经竖起了一面旗帜。长虹应用空气动力研究成果的军工技术，已在空调风道设计上运用，目前长虹的所有空调柜机，都采用风道优化系统设计的成果，使长虹空调在增大风量与降低噪音方面，远远领先于行业，大幅提高了能效。据了解，新品睿典高效空调，不仅外观典雅，而且远远超过行业平均水平的节能设计，其待机功率只有0.6瓦，而目前空调产品的待机功率在5～6瓦，高出长虹高效空调待机功率近10倍。

多次入选《节能产品政府采购清单》的美菱，积极响应国家节能降耗政策，推动冰箱行业整体节能技术的进步。自主研发应用的"冷凝器保压节能型制冷系统"荣获年度中国轻工业"科学技术发明奖"，美菱不断推动产品的升级换代，强化绿色设计，引领冰箱行业技术进步。

TCL：绿色制造获得多国认可

作为一家消费类电子产品制造商，TCL集团长期通过持续的技术创新，建立国家认证试验室、绿色供应链等措施来减少对环境的影响。

TCL集团从研发、采购、制造等各个环节实施控制，确保产品达到标准，密切关注全球各地区以及国内有关环保政策的新法规新要求，制定了《禁用物质管理规范》、《禁用物质控制程序》、《禁用物质标准》等文件，并编制了一系列操作规程，建立了相应的产品流程及控制保证体系。

TCL集团产品认证实验室先后获得了美国UL安全检测实验室、德国TüV莱茵公司、英国CCQS等认证机构的认可，并且在国内率先取得了彩电行业3C认证现场检测实验室资格。

TCL集团一直在走自主创新之路，在核心节能、环保技术方面争取领先。如TCL在国内首推光催化复合纳米银二氧化钛技术并应用到空调器，刷新了空调高能效的新概念。在节能降耗方面，早在2002年，TCL就率先获得了电视行业首张节能认证证书，近几年来，先后有150多种型号的各类电视产品获得了节能认证证书。

此外，TCL集团一直在倡导建立绿色供应链。TCL要求供方取得ISO 14001环境质量体系认证，要求供方提供环保样品时附上第三方测试报告、认证证书、依据的相关标准等，以保证供应商提供的部品中禁用物质能满足TCL要求。

志高：联合上游推动绿色制造

志高一向注重环保，并把绿色生产作为企业可持续经营的核心战略之一。早在2005年5月，志高便成立了《报废电子电器设备指令》（WEEE）与《关于在电子电器设备中限制使用某些有害物质的指令》（RoHS）专案小组，以制定相关绿色产品的设计标准及程序等。

志高所采取的主要措施包括：①设立专员进行系统攻关。其主要职责是关注全球当地的相关政策及法令，并适当借鉴其他跨国企业的措施和经验；②从产品设计的源头抓起，制定相关绿色产品的设计标准及程序；③合理制定零部件产品的使用寿命，所有的原材料供应商所提供的原材料不得含有 RoHS 指令（《电气、电子设备中限制使用某些有害物质指令》）所限制的 6 种元素，如抽查有不合格产品，将进行处罚并责令整改；④提前完善了理化实验室的建设，为原材料控制环节提供了保障；⑤在法律法规的框架下，志高目前已积极筹建一整套完整的回收体系。

要实现产品的绿色制造并形成产业化生产，除企业本身外，还需要整个产业链的配套和支持。为此，志高专门召集了各上游产业链供应商代表来共同研讨和打造家电业绿色环保供应链以及实现对相关有害物质的管控。此外，志高还与美国杜邦公司达成了长期战略合作伙伴协议，双方拟联手在全球推广采用"最佳冷媒"杜邦 R-410A 的绿色环保空调产品。

艾默生：数码涡旋技术促进节能

在中国政府大力倡导绿色节能的今天，建筑节能以及空调节能在绿色制造、防止污染、保护生态环境方面承担了越来越多的社会责任。作为世界暖通空调行业的领导者之一，艾默生环境优化技术长期以来致力于保护环境、提供降低能源消耗的解决方案，发展中央空调及制热系统的节能新技术，以帮助更多中国的合作伙伴实现绿色生产。

数码涡旋技术面市至今已成为行业领先节能技术的典范。它

的季节性能效比通过了日本及美国的标准,每年节省能耗可高达40%,加上采用环保的R410A制冷剂,使得其成为绿色环保的先锋。数码涡旋中央空调凭借绿色环保的理念,帮助同济联合广场成为中国首家通过了金级预认证的房地产项目。此外,数码涡旋技术无电磁干扰。正因如此,2008年北京奥运会提供电视转播服务的奥林匹克公园多功能演播塔采用了应用该技术的空调产品,以确保转播信号不受干扰。数码涡旋还具有准确的温度控制及测量功能,以确保用户更高的舒适度,同时节省能耗和运营成本。

而广泛适用于中国北方低温环境的超低温数码涡旋热泵技术,有相当高的低温环境制热能力,并且具有很高的可靠性,电子控制很简单,没有电磁干扰的问题。中国目前面临着巨大的碳排放压力,超低温数码涡旋热泵的出现将有助于缓解这种压力,减少二氧化碳排放量。据估计,如果中国北方地区全部采用这项技术,那么中国每年将减少6000万吨的二氧化碳排放。加之它利用的是清洁的电能,因此将更加环保。该技术的卓越特性也吸引了政府相关机构的注意。2005年,中国建设部把采用该技术的热泵系统评定为"世界领先"技术。这是自1999年以后,近7年来行业内首个得到中国建设部这一最高评价的新技术。

艾默生不仅向中国市场提供最新的节能技术及产品,同时协助相关政府机构和合作伙伴共同推广节能环保的理念。艾默生通过一系列市场宣传的手段和不同的受众,包括消费者、房地产开发商、OEM(代工)厂商以及设计师等结成了良好的合作关系,

这其中包括面向初学者、技术晋级者以及技术权威的艾默生免费网上大学，面向普通消费者的"我要省电"公益网站，面向行业内优秀人才的艾默生杯，并加入了针对房地产开发商的中国房地产工程采购联盟等。

企业销售、回收中的环保

生产是一个企业中最主要的环节，因此企业在践行环保承诺时首先要考虑的是生产环节的环保。虽然生产是最重要的一环，但是其他环节的环保实践也是不容忽视的。每一个环节中的环保对我们的地球环境都是至关重要的，因此在分析了绿色生产之后，我们再来分析一下企业其他环节的环保做法。

绿色包装

以前，很少有制造商意识到产品包装对环境影响很大，多数人甚至认为精美的包装象征着高档的产品。生活垃圾中大部分是包装物的事实，足以说明包装物对我们的环境产生了怎样的影响。

在重视环境保护的世界氛围里，绿色包装在销售中的作用也越来越重要。消费者更是对商品包装提出了4R1D的原则，即Reduce（减少包装材料消耗），Reuse（包装容器的再充填使用），Recycle（包装材料的循环利用），Recover（能源的再生），及Degradable（包装材料的可降解性）。

绿色包装是指采用对环境和人体无污染，可回收重用或可再

生的包装材料及其制品的包装。首先必须尽可能简化产品包装，避免过度包装；使包装可以多次重复使用或便于回收，且不会产生二次污染。如在摩托罗拉的标准包装盒项目方面，其做法是缩小包装盒尺寸，提高包装盒利用率，并采用再生纸浆内包装取代原木浆，进而提高经济效益。

包装物的绿色化是企业环保的重要组成部分。循环经济理论要求以"3R原则"，即减量化、再使用、再循环，作为经济活动的原则。其中减量化是其第一法则，只有减少资源的使用量才能真正从源头减少对环境的压力，再使用、再循环过程中资源并不能完全恢复原状，而且也要消耗能源。

供应链节点企业应该在减少产品的包装上进行协商，适度的包装不仅有助于供应商降低成本，也减少了采购商的拆装和处理包装物垃圾的费用；认真选择包装材料，不同的材料具有不同的再使用和再循环价值，但循环次数最多的包装材料不一定好，要用生命周期分析的方法来选择。从再循环的角度看，包装物的材料品种越少越好。德国曾对各种材料以及复杂程度不同的材料的循环价值进行过评分，并据此收取不同的处理费。

包装物的标志图案和文字应体现绿色化，注明包装物的材料、用法以及回收处理方法，使包装物的使用和处理变得简单易行。

绿色促销

绿色促销是通过绿色促销媒体，传递绿色信息，指导绿色消费，启发引导消费者的绿色需求，最终促成购买行为。绿色促销

的主要手段有以下几方面：

（1）绿色广告。通过广告对产品的绿色功能定位，引导消费者理解并接受广告诉求。在绿色产品的市场投入期和成长期，通过量大、面广的绿色广告，营造市场营销的绿色氛围，激发消费者的购买欲望。

（2）绿色推广。通过绿色营销人员的绿色推销和营业推广，从销售现场到推销实地，直接向消费者宣传、推广产品绿色信息，讲解、示范产品的绿色功能，回答消费者绿色咨询，宣讲绿色营销的各种环境现状和发展趋势，激励消费者的消费欲望。同时，通过试用、馈赠、竞赛、优惠等策略，引导消费兴趣，促成购买行为。

（3）绿色公关。通过企业的公关人员参与一系列公关活动，诸如发表文章、演讲、影视资料的播放、社交联谊、环保公益活动的参与、赞助等，广泛与社会公众进行接触，增强公众的绿色意识，树立企业的绿色形象，为绿色营销建立广泛的社会基础，促进绿色营销业的发展。

绿色回收

随着产品更新换代速度越来越快，旧产品的处理成为一个难题。当用户需要购买新的产品时，他们原有的旧产品该怎么办呢？最好是制造商能收回去，即用户在购买新产品时，制造商能回收旧产品。特别是耐用非消耗品，如家用电器、电脑等，以这种方式由制造商回收的环境效率最高。

返回物流不是一个新概念，但是一个变得越来越重要的概

念，是物流活动从用户到制造商供应商的过程。返回物流的内容包括产品和包装物。旧产品的返回过程包括，首先产品返回到供应商，然后可能进行以下某种处理：再销售、修理、回收原材料，再循环；包装物的返回一般是为了再使用或再循环，是制造商驱动型的。

包装物的返回有多种回收渠道，不一定返回至供应商。例如德国双元回收系统提供了两种可选的回收渠道：供应商自己回收包装物；成立了一个专门负责组织包装物回收的私营、非营利组织，供应商可以申请加入，并交纳一定的管理费成为会员。会员企业的包装物上都印上了可回收标志。印有可回收标志的包装物由该组织负责回收。企业具体采用何种方式回收包装物，要根据企业条件、包装物的特性以及产品销售的分散程度等因素来决定。对于已回收的包装物，可以根据实际情况进行某种处理：再使用、处理后再使用、回收原材料、再循环。

2009年2月25日，国务院总理温家宝签署第551号国务院令，公布了《废弃电器电子产品回收处理管理条例》，这使我国废弃家用电器的绿色回收有了实质性的进展。但与国外相比，目前国内正规的回收处理厂的数量有限，且没有相关回收体系与之相配合，而非正规的回收和处理点由于缺乏完善的管理体系，技术和设备不到位，不仅造成资源浪费，还会因处理不当引发环境污染、人体损害。因此，建立废旧产品的回收、处理体系迫在眉睫。

然而，废旧产品的回收是一个复杂的系统工程。首先，国家

必须有相关的强制性政策，规定生产企业的责任到底有哪些，并由相关的机构来监督执行；其次，要让用户知道，应该如何处理废旧产品，并愿意为了绿色环保而牺牲自己卖废品赚得的蝇头小利；最后，还需要企业建设一个从回收到拆解、再到再利用的一个完整的生态链，因为对于企业来说，产品回收无疑给他们带来了沉重的负担。

企业绿色包装、回收实例

近年来越来越多的企业加入到绿色回收的行列中来。它们巧妙地采用各种方法，不仅将废旧产品回收与企业赢利结合起来，而且大大提升企业的社会形象，提高了企业的品牌竞争力。在此编选了各行业的优秀企业的回收案例。

电脑

1. 联想：联合协会推进绿色回收

在废旧电脑回收方面，联想采用的是与相关协会一起推进的方法。

一方面，联想会通过客服系统为客户提供废旧电脑的回收服务；另一方面，因为处理废旧电脑不是联想的专长，联想要选择越来越多的和绿色环保有关的协会加强合作。联想目前与中国扶贫协会合作，开展了绿色电脑扶贫工作。许多企业的电脑使用超过5年以后就淘汰了，其实从功能上来讲，仍然可以继续使用，而许多农村小学没有电脑，许多农村孩子没有见过电脑。在这种情况下，联想就会帮助这些企业将旧电脑赠送给农村学校。

2008年7月6日，中国扶贫开发协会向河北省大厂回族自治

县邵府小学捐赠了首批电脑，并建立了绿色电脑教室。这是绿色电脑扶贫行动开展以来所援建的首座电脑教室。据介绍，绿色电脑扶贫行动还计划和其他大型企业、机构合作，为更多农村小学捐建绿色电脑教室。

另外，联想在服务方面有很大的优势，在许多品牌厂商都开始用外包服务公司的时候，联想一直坚持由联想自己的专业工程师上门提供服务。在购买电脑后，如果用户不需要包装箱，工程师可以马上进行回收。如果用户有淘汰的废旧电脑，联想也可以及时提供回收服务。

2. 惠普：在中国 78 个城市建回收站

惠普在全球的电子垃圾回收计划已经持续了 21 年，其已在全球 52 个国家和地区进行回收服务，截至 2007 年底惠普已回收电子产品和耗材 45 万吨。惠普已经在中国 78 个城市设立了电子垃圾回收站，并专门开展了消费产品回收计划。

2008 年 4 月，惠普联合其他几大企业，在几家著名电子电器产品行业协会的协作下，倡导和建议开展了中国电子垃圾联合回收行动——"中国绿 E 行动"；2009 年 3 月，惠普与富士康宣布将联手扩大在中国的电子垃圾回收再利用项目，此次合作不仅实现对自然资源的保护，而且利用合作双方在中国现有的回收再利用能力，有效地改变了废旧电子产品只能由垃圾场处理的窘境。

值得注意的是，回收再利用是循环绿色的一个重要环节，而惠普在产品的设计过程中也投入了巨大精力。①惠普电脑的零部件均采用可回收的设计，可重新用在电脑或其他产品中；②惠普

全球环保大行动

电脑的机箱均采用免工具拆卸设计,减少了聚合体等各种塑料、着色金属的使用,更利于产品的回收利用;③惠普部分笔记本电脑采用镁制外壳,与印制部件相比,此种外壳更易于回收;④惠普部分笔记本电脑采用新技术能永久删除硬盘内的所有敏感信息,以便他人重新利用旧电脑。

惠普废旧电子产品回收箱

手机

1. 摩托罗拉:采用可回收塑料制造手机

早在 2004 年 6 月,摩托罗拉便发起了"绿色中国,绿色服务"环保项目,在全国服务网点设立手机废旧电池回收点。2005 年 12 月,摩托罗拉与中国移动通信联合发起并启动了"绿箱子环保计划——废弃手机及配件回收联合行动"。

到目前为止,摩托罗拉公司在摩托罗拉北京总部、各地分公司、天津工厂、杭州工厂以及遍及全国的 350 多家授权服务中心

都设立了专用于废弃手机及配件回收的"绿箱子"。

自从"绿箱子环保计划"实施以来，摩托罗拉选择不同时机开展绿色回收推广活动，以各种方式调动消费者参与的积极性。例如2006年底至2007年初赠送用再生纸张印制的台历；2007年3～5月赠送音乐下载卡、打折扣买原装电池配件；在北京和上海分公司搬迁时推出"搬家不忘环保"的活动等等。

渠道商

1. 国美："以旧换新"

为满足巨大的市场需求，家电零售企业国美集团已在全国构建起旧家电回收点，并出资补贴"以旧换新"的消费者。

根据国美的规定，消费者可以通过拨打国美电器各门店电话的方式，要求门店服务人员上门回收废旧家电，也可以直接到门店折旧。国美将根据家电商品的使用年限和实际状况进行折价，消费者可以直接减去旧家电价格购买其他家电商品，也可以领取补贴券在国美电器门店购买电器商品，不受任何限制。

为方便消费者享受以旧换新，并对这个业务进行长期的推广，国美电器在主要交通要道的旗舰门店、社区店等推广以旧换新业务，增加相关业务服务人员，以小区为单位发放宣传单页并提高以旧换新的参照标准，让消费者更有效、合理地处理废旧电器。

据国美介绍，以旧换新业务，平均每台产品的折旧费为150～200元，这些费用全部由国美承担。其计划在全国回收300万台左右的废旧电器，补贴金额将超过4亿元。

专业回收机构

1. 新天地:"五联单"制规范回收流程

青岛新天地是一家专业的回收机构,自 2006 年 3 月 25 日第一条手工拆解线投入运行以来,青岛新天地静脉产业园开始对来自青岛市机关事业单位的废旧空调、洗衣机、冰箱等家电进行拆解。在建设青岛市回收体系的基础上,目前新天地顺利完成了山东省 17 个地级城市分信息调度、交投中心及 37 个县(区市)回收站的建设。

新天地公司通过建立信息调度管理中心统一采集、调度和管理废旧家电及电子产品回收处理各环节的有关信息。其主要模式为:①信息管理、调度,设立废旧家电回收处理信息网站和废旧家电回收热线,将客户提供的废旧家电信息传送至信息调度管理中心,中心则将回收指令传送到回收站,最后由回收站工作人员上门回收。②资金管理,信息调度管理中心向回收站预付回收资金,待回收人员将回收的产品运送到处理厂时,由处置工厂向信息调度管理中心支付回收资金。③全过程监管,信息调度管理中心定期向政府监管机构上报废旧家电回收及资金使用情况,处置工厂则定期向政府监管机构上报废旧家电处理情况,政府监管机构据此对处理企业进行监督。

企业的节能减排

能源是人类社会赖以生存和发展的重要物质基础。纵观人类社会发展的历史,人类文明的每一次重大进步都伴随着能源的改

进和更替。能源的开发利用极大地推进了世界经济和人类社会的发展。

过去100多年里，发达国家先后完成了工业化，消耗了地球上大量的自然资源，特别是能源资源。当前，一些发展中国家正在步入工业化阶段，能源消费增加是经济社会发展的客观必然。

当前，中国实现节能减排目标面临的形势十分严峻。2007年，工业特别是高耗能、高污染行业增长过快，占全国工业能耗和二氧化硫排放近70%的电力、钢铁、有色、建材、石油加工、化工等六大行业增长20.6%，同比加快6.6个百分点。

在我国，建筑能耗占总能耗的27%以上，而且还在以1个百分点/年的速度增加。建设部统计数字显示，我国每年城乡建设新建房屋建筑面积近20亿平方米，其中80%以上为高能耗建筑；既有建筑近400亿平方米，95%以上是高能耗建筑。建筑能耗占全国总能耗的比例将从现在的27.6%快速上升到33%以上。我国新建建筑已经基本实现按节能标准设计，比例高达95.7%，而施工阶段执行节能设计标准的比例仅为53.8%。

在不少城市，为了美观和气派，主要街区的写字楼都是玻璃幕墙，还兴建了不少大型的穹顶建筑作为公共设施。夏季紫外线照射强烈，造成光污染，冬天不挡寒，一年四季不得不开放大功率的空调来调节气温，冬天要先于其他建筑保暖，夏天要先于其他建筑供冷。据不完全统计，全国现有玻璃幕墙（非节能玻璃）面积已超过900多万平方米，而且呈持续发展趋势。据测算，处于直射或当阳的玻璃楼，其耗能是普通建筑的4倍以上。玻璃幕

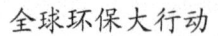

墙在带来所谓美观的同时，也带来了能耗的成倍增长。在节能减排上，各企业单位应该在推行绿色建筑方面作出典范。

除了产生安全隐患和光污染外，耗能费电也是玻璃幕墙的一大弊端

我国经济快速增长，各项建设取得巨大成就，但也付出了巨大的资源和环境代价，经济发展与资源环境的矛盾日趋尖锐，群众对环境污染问题反应强烈。这种状况与经济结构不合理、增长方式粗放直接相关。不加快调整经济结构、转变增长方式，资源支撑不住，环境容纳不下，社会承受不起，经济发展难以为继。只有坚持节约发展、清洁发展、安全发展，才能实现经济又好又快发展。同时，温室气体排放引起全球气候变暖，备受国际社会广泛关注。进一步加强节能减排工作，也是应对全球气候变化的迫切需要。

企业：环境的破坏者与改造者

目前我国的生态破坏和环境污染已经达到自然生态环境所能承受的极限，为了使经济增长可持续，缓解巨大的环境压力，必须以环境友好的方式推动经济增长。节能减排就是要从源头预防污染产生，最有效地减少资源消耗，不排放废弃物，从而真正解决人类生存的环境问题。

由此可见，企业节能减排工作仍是人类改善地球环境的艰巨任务之一。

企业节能减排实例

节能——格力空调"舒适省电模式"

"'节能'国策，一键响应，帮您省电，同时还能达到舒适的效果"，这是目前格力电器设计的一项简便而适用的产品功能，简称"舒适省电模式"。

据悉，这项人性化功能设计首次应用于空调，最高比一般空调省电20%，而且舒适性效果非常好。目前，这项功能设计已被应用于格力新年度所有的新产品空调。

炎炎夏日，不管是商厦还是家里都喜欢将空调的温度开到最低，同时将风速开到最高，以享受冰爽一"夏"所带来的刺激。然而，往往这时电费账单节节上涨，"空调病"时有出现。

格力研究人员对消费者习惯的研究表明，当消费者以最低温度和最高风速开机运行一段时间后，冷量已经足够满足人体舒适度的要求，而消费者往往让它继续运行而忘记再次设定，造成过多的冷量被持续浪费，导致电能巨大浪费；同时，格力研究还表明，人体感觉舒适的室内温度夏季在24℃~28℃，冬季在

18℃～22℃，目前大多数公共建筑夏季空调温度调得很低，甚至低于20℃，不但浪费能源，同时舒适性很差，是导致"空调病"发生的主要原因。

正是基于对消费者行为习惯的研究，格力创新性地提出空调"舒适省电"设计理念，建立了SE模式，即"舒适省电"模式。在此模式下，空调微电脑系统会根据环境温度变化和人体对环境最佳体感温度的需求，自动调整空调的运行状况，达到既能满足用户追求健康舒适生活的要求，同时也能使空调在使用过程中达到较好的省电节能效果。据格力国家认可实验室的实验表明，在同等标准工况下运行8小时，格力"节能省电模式"将比普通制冷模式最高省电20%。

2007年6月1日，国务院办公厅颁发《国务院办公厅关于严格执行公共建筑空调温度控制标准的通知》，要求所有公共建筑内的单位，除医院等特殊单位以及在生产工艺上对温度有特定要求并经批准的用户之外，夏季室内空调温度设置不得低于26℃，冬季室内温度设置不得高于20℃。格力"舒适省电模式"正好适应了国家节能减排政策的要求。

格力空调研发师表示，"舒适省电"模式设计的出发点正是将国家的节能减排口号化为行动，从以前依靠单个消费者的自觉行动，转化为厂家的统一行动，简化了消费者为追求节能与舒适的双重效果而反复的设置操作工作，一键搞定。

减排——宝洁"金鱼计划"

在2008～2009财年的上半年，宝洁黄埔工厂的用水量下降

了 30%，节约了 18 万吨城市用水，能耗减少 8.8%，废弃物减少 5.3%（每生产单位，与 2006/2007 财年同比）。由于在节水、节能和减少废弃物方面的出色表现，2008 年广州宝洁被广州市环保局授予"环境友好企业"的称号。

宝洁的精益能源计划注重管理节能、科学节能。管理节能方面，黄埔工厂确定了"谁损失，谁付费"的考核指标。为了精细管理考核，工厂专门安装了分流量器，每个部门的用电、用气（压缩空气）都一目了然，哪个部门用能超标就自己承担费用，节约有相应的奖励。科学节能主要是让节能技术得到科学应用，黄埔工厂为此进行了多项技术改造，重点的几项包括：投入 420 万元的臭氧灭菌车间，用臭氧代替蒸汽对高纯水进行灭菌；2009 年投产的余热回收工程，可回收废水余热加热高纯水，该工程耗资 190 万元；投入 65 万元进行蒸汽冷凝水回收，将放空的低品味蒸汽进行冷凝回收。在此基础上，2010 年单位能耗节约 13% 的目标有望超额完成，预计单位能耗节约达到 19%～20%。

金鱼计划的目标是工厂废水可以直接用来养鱼，要求水耗减少 50%，同时废水中 COD（化学需氧量）的排放减少 50%。主要工作有：水平衡测试；损失分析；高纯水制造系统按需生产；加强中水回收等。

在固体废弃物的减少和循环利用方面，宝洁工厂与上下游伙伴合作，比如，用量很大的大型纸质周转箱如果能周转 8 次，节约的成本和供应者对半分，如果能周转使用 9 次以上的，9 次以上的成本结余归供应者，这样，合作伙伴的积极性就调动起

来了。

企业推出环保产品

环保产品是指生产过程及其本身节能、节水、低污染、低毒、可再生、可回收的一类产品，它也是绿色科技应用的最终体现。环保产品能直接促使人们消费观念和生产方式的转变，其主要特点是以市场调节方式来实现环境保护为目标。公众以购买绿色产品为时尚，促进企业以生产环保产品作为获取经济利益的途径。

简而言之，所谓环保产品是指其在营销过程中具有比目前类似产品更有利于环保性的产品。环保产品与传统产品一样具有以下三个特征：①核心产品成功地符合消费者的主要需求——消费者的有用性；②技术和质量合格，产品满足各种技术及质量标准；③产品有市场竞争力，并且有利于企业实现盈利目标。

但是，环保产品与传统产品相比，还要多一个最重要的基本标准，即符合环境保护要求。我们可以通过对产品的维护环境的可持续发展和企业是否负应尽的社会责任这两方面的考虑来评价环保产品的"绿色表现"如何。可以说，环保产品与传统产品的根本区别在于其改善环境和社会生活品质的功能。

环保产品就是在其生命周期全程中，符合环境保护要求，对生态环境无害或危害极少，资源利用率高、能源消耗低的产品，主要包括企业在生产过程中选用清洁原料、采用清洁工艺；用户在使用产品时不产生或很少产生环境污染；产品在回收处理过程

中很少产生废弃物；产品应尽量减少材料使用量，材料能最大限度地被再利用；产品生产最大限度地节约能源，在其生命周期的各个环节所消耗的能源应达到最少。

绿色环保产品的发展是十分迅速的：1985年全球开发出的绿色产品仅占新产品总数的0.5%，到1990年上半期已上升到9.2%，增长了18倍。德国，1991年有3600多种绿色的标志产品，到1993年9月绿色产品类别增至75个，产品约有4000种，1995年则达到近6000种，超过全国商品种类的30%；日本，1990年11月底仅有31类850种绿色产品，1993年8月则增至55类2500种产品；加拿大，1990年底只向18种产品颁发了58张许可证，到1993年8月已有57个大类800多种产品获得绿色标志；美国，在1990年，当年有26%的家用产品都是在"绿色旗帜"下推出。

进入20世纪90年代后，绿色产品在发达国家迅速发展，而且发展势头不减。发达国家的绿色产品主要集中在食品、电器、汽车等领域，例如，世界上对"绿色汽车"的积极研制，照相机的回收处理，低汞或无汞的"绿色电池"等。

环保产品实例

LED液晶电视崛起

随着液晶电视产业的快速发展，新一代全新应用LED背光源显示技术产品迅速在市场崛起，其产品凭借着强大的节能、环保和超薄等优势，成为传统液晶电视和等离子电视的主要强劲对手。LED的背光技术能比现在采用冷阴极背光灯管的显示器节能

40%～50%。能够大幅降低功耗的解决方案是改善液晶显示器的背光系统，LED的背光技术能比现在采用冷阴极背光灯管的显示器节能40%～50%。

LED电视由于兼具色彩绚丽、节能环保、超薄等多项先天优势，很快被业界认可并视为未来电视发展的新方向，中外平板电视厂商都把LED背光源液晶电视作为高端新品进行大力度推广，极大地刺激了LED液晶电视的潜在需求。

作为最早涉足LED液晶电视产业的彩电品牌，从2007年开始，海信就牵头承担起作为国家863计划重点项目之一的LED液晶模组技术突围的任务，2008年海信正式建成投产中国第一条LED液晶模组生产线，并国内第一家推出42寸LED液晶电视，为中国企业抢占高端LED市场注入强大信心。

海信首次推出的LED背光源液晶电视，从技术成熟度层面来讲完善的体现出了以LED背光源作为显示技术的平板电视三大突出优势：超宽色域覆盖范围、超高对比度以及环保健康无污染。该系列产品色域覆盖度达到110%，使电视呈现的画面色彩更丰富、细腻、逼真，鲜艳靓丽的画面无限接近大自然的真实色彩；由于采用了光源分区控制技术，彻底解决了传统的背光源电视由于显示面板存在的漏光等瓶颈问题，使电视具备了更高的画面显示对比度，亮场、暗场层次分明，画面层次感更加突出。同时，该系列产品由于采用的LED背光源显示技术，从原材料方面彻底地杜绝了铅、汞等污染性元素的存在，更好地呵护消费者的身心健康。从未来的发展趋势来看，该系列产品可以称作名副

其实的绿色环保产品。

2009年"五一"节期间，海信42寸LED液晶电视拉至万元以内，新上市47寸LED产品也打出了万元左右的亲民价格，至此，中国LED液晶电视市场快速升温。海信在LED领域的技术突围和市场表现引起了中外品牌的重点关注，三星、索尼等外资品牌也开始在中国市场上试水LED产品。

三星也加大了在LED电视领域的投入，全线推出6000系列、7000系列、8000系列三大系列8款LED电视新品，成为继海信之后，又一全线推出LED电视的彩电企业。

LED这个大产业正处在发展的上升阶段，能创造极大的社会动力，对于节能这一点，目前中国市场上差不多每年有1800万台平板电视的需求。

LED电视的技术优势不仅体现在节能、环保上，在动态、听觉等方面也具有非常强的竞争优势。LED电视将可能逐步替代传统的液晶电视成为市场主流。

企业助力环保公益活动

近年来，许多企业都在以不同的形式参与着环保活动。它们除了注重在自身的生产环节中注重节能环保外，还积极地投身于一些环保公益活动，积极推动了环保公益事业的发展。

环保公益事业的发展过程中，一向都是政府和公益环保组织唱主角。然而单凭政府和环保组织的力量，不足以将环保公益事业做大做强。就像整个环保事业少不了企业的参与和支持一样，

环保公益活动中企业的力量同样不可或缺。作为企业，特别是一些知名的企业，在参与环保公益活动中具有一定优势：

（1）企业容易吸引大众传媒。公益活动处处、事事以情感人，从公众的利益出发，体现着真诚，易于为人们接受。加之企业的知名效应对大众传媒具有吸引力，有益于环保观念意识的传播，产生较大的社会效应。

（2）企业具有雄厚的经济实力。每一项活动的开展都免不了资金的投入。环保组织只是资金的筹集者，而非承担者；政府的资金和财力也有限。因此，企业可以作为环保公益活动资金的主要承担者。有企业的资助，更利于环保活动的顺利展开。

另一方面，对于企业而言，投身环保公益活动对其本身也是有很大的积极意义的。美国一项对469家不同行业的公司的调查表明：资产、销售、投资回报率均与企业的公众形象有着不同程度的正比关系。

公益活动可以使企业更易得到公众的支持。公众是企业形象的裁判与评价者，公众对企业的接受，首先取决于一种心理、文化的认同，取决于企业的社会形象塑造。举办公益活动能为企业争取公众的了解和赞赏，为企业营造一个良好的社会环境。

另外，公益活动易提高企业的知名度、美誉度。随着公众对企业开展的公益活动知晓程度的提高，企业的知名度、美誉度也在公众心中发展、加强。公益行为效果亲切自然、易于被接受，而它实质上是一种软广告，只不过其商业性及功利性不像硬广告那么明显。公益活动的沟通对象面广量大、有针对性，在不经意

间以春风化雨的形式在公众心目中树立企业的良好形象，而良好的企业形象同时可以拉动产品的销售，这是公益营销的迷人之处。

也正是因为如此，不少企业助力公益活动的行为，也并非这么单纯，其中不乏做秀、做宣传等等行为的发生。许多企业打着环保的名号，借着环保的春风，明修环保，暗搞公关。

当然，企业之所以可以这样做，也是与许多因素息息相关的。比如说没有健全的法律约束机制，没有有效的监督管理机制。由于存在着信息不对称等原因，公众的监督参与是很困难的，因此，政府在这方面的监督与管理，也是不能缺少的。虽然，企业是环保公益活动的主力军之一，但是企业的目的毕竟是营利，因此，在企业进行公益活动时，必须要进行有效的管理。从而实现环保公益活动的真正意义，避免其被企业利用，也避免其只是起到了工具的作用而没有发挥自身价值。从而推动整个环保事业的顺利进行。

企业环保公益活动实例

百事公司倾情"母亲水窖"

水贵如油。在相对贫困落后的中西部地区，干旱缺水使得当地人民的生活雪上加霜。家家户户为了用水付出了常人难以想象的艰辛，每天为了取一次水甚至要走几百米山路，导致大量劳动力消耗在取水上。如何改善广大农民生活条件，解决吃水难问题，从而提高当地人民的生活水平呢？百事公司积极参与的妇联"母亲水窖"项目正是针对这一问题发起的。修建一口水窖，一

全球环保大行动

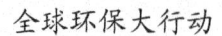

年蓄积的雨水就能保证一个 3~5 口人的家庭一年的人、畜饮水；拥有 2 口水窖，就能发展一亩庭院经济作物，因而陆续解决一系列的生存和发展问题。有关专家评价，在严重缺水地区修建集雨水窖，是有效利用雨水资源以解决缺水之忧的最简便、最经济、最实用的办法。

> 下雨后，从箭头的方向汇集到沉淀池，经过沉淀后，储存在水窖里面，撒上漂白粉后供人使用。

水窖示意图

因此，2001 年 6 月，百事公司捐资 100 万元人民币设立"百事可乐基金"，开始资助全国妇联下属中国妇女发展基金会组织实施的"母亲水窖"项目，以救助中西部地区贫困缺水的母亲和少年儿童，改善当地人民的生活条件。花 1000 元建一口水窖，冰雪融水、自然降水等都被引入水窖中，经过一段时间的沉淀，水窖上层的水就较为纯净了，再撒入百事提供的清洁消毒药剂，当地居民打回家中烧开就可饮用了。水窖的建立不仅仅解决了当

企业：环境的破坏者与改造者

地居民的饮水问题，将他们从繁重的取水劳动中解放出来，而且带动了当地整体生活条件的提高。百事和妇女基金会给当地居民的建议是，每个水窖周边，要建一个厕所，一个沼气池，种一棵树，同时发展养殖业等等，居民按照这些建议实施，现在生活环境和条件都得到了很大的提高。

"母亲水窖"建成后，农户可以方便地用上水，将"母亲水窖"的水引入院子里和厨房内，农民们从此告别了饮水难的年代。农户建水窖后，节省了取水劳动力，从事提高收入的劳动力

"母亲水窖"让母亲心中充满幸福

数量增多，释放劳动力带来了经济收益。在缺水的贫困地区，

"母亲水窖"节省了农民用于取水的劳动时间，减轻了农民取水的劳动强度，基本解决了农民饮水难用水难的问题，并且促进了个体种植业、养殖业的发展，推动了家庭产业结构调整，直接给农民带来了经济效益。同时，"母亲水窖"的建成，改善了

农户家庭环境，提高了他们的卫生健康水平，在一定程度上改变了农民生活方式，因而深受农民欢迎。

正是出于这样的考虑，在"母亲水窖"项目长期合作的成功基础上，百事公司也致力于帮助中国妇女发展基金会进一步提升"母亲水窖"项目，不仅要保证水的供给，还要保证水的质量。为了让更多贫困缺水地区的群众、妇女儿童喝上洁净卫生的水，2005年10月，百事公司基金会决定同中国妇女发展基金会深入合作，再接再厉，3年内在部分地区整合各方资源，利用百事在水处理方面的先进和实用技术实施农村安全饮用水工程，争取实现水窖项目的持续发展和水资源的可持续利用，将"母亲水窖"项目推向一个新阶段。2005年10月，百事公司在百事基金会的支持下，宣布再次向"母亲水窖"项目捐赠150万美元，其中首期已投入50万美元，旨在把过去5年取得的巨大成功继续推广到陕西、宁夏和广西等地，并着力通过改善水质帮助该项目获得持续发展。

中国妇女发展基金会和百事基金会在2006年进行了安全饮用水合作项目一期工程，百事基金会捐款50万美元，其中供水工程32万美元，折合人民币256万元，地方按1∶1配套，供水工程总投资512万元人民币，在四川和甘肃2省4县6个村共修建集中、联户、分散单井、水窖供水工程747座，解决了项目地区的人畜饮水困难问题，为当地农民脱贫致富创造了条件，该项目在各项目地区的实施是很成功的，深受项目地区群众的欢迎。

中国妇女发展基金会和百事基金会进行的安全饮用水合作项

目二期工程总投入100万美元，分别在贵州、广西、四川、河北、内蒙古五个省（区）的14个项目县（市、旗）实施，共解决16村的安全饮用水问题，预计受益人口23736人。至此，百事项目两期项目总投资150万美元，受益人口合计35805人。

截止2008年11月，百事公司、百事基金会及百事中国公司员工8年来累计向"母亲水窖"项目捐赠总额达1660万元，共建水窖1500多个，已培训农村妇女万余人进一步维护当地的水窖工程。另外，安全饮用水项目已经惠及了包括四川省、甘肃省、贵州省、广西壮族自治区、河北省、内蒙古自治区及陕西省在内的7个省市的24个县、28个村的4万余人。

全球环保大行动

NGO 组织：
环保事业的先行者

NGO，英文"Non－Government Organization"一词的缩写，是指在特定法律系统下，不被视为政府部门的协会、社团、基金会、慈善信托、非营利公司或其他法人，不以营利为目的的非政府组织。

一般认为，"非政府组织"一词最初是在1945年6月签订的联合国宪章第71款正式使用的。该条款授权联合国经社理事会"为同那些与该理事会所管理的事务有关的非政府组织进行磋商作出适当安排"。1952年联合国经社理事会在其决议中将非政府组织定义为"凡不是根据政府间协议建立的国际组织都可被看作非政府组织"。因此在产生之初，非政府组织主要是指国际性的民间组织。随着非政府组织的发展，"非政府组织"这一词不再仅仅局限于国际性的非政府组织，它囊括的范围日益巨大，1996年，联合国经社理事会通过的1996/31号决议进一步承认了在各

NGO组织：环保事业的先行者

国和各地区活动的非政府组织。

NGO在全球范围的兴起始于20世纪80年代。随着全球人口、贫困和环境问题的日益突出，人们发现仅仅依靠传统的政府和市场两级还无法解决人类的可持续发展问题。作为一种回应，NGO迅速成长并构成社会新的一级。NGO不是政府，不靠权力驱动；也不是经济体，尤其不靠经济利益驱动。NGO的原动力是志愿精神。目前，全球NGO多达数百万个，活动范围涵盖文化教育、卫生保健、生态保护、宗教慈善等社会生活的方方面面。

一个发达的现代社会需要发达的非政府组织。据调查，美国非政府组织总数超过200万个，经费总数超过5000亿元，工作人员超过900万人，它是与美国"大社会，小政府"的制度结构相配套的。这种制度的来源，与美国建国之初移民互助自助的传统有关。

2008年汶川大地震对中国NGO是一次检阅

全球环保大行动

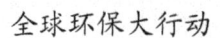

本章中向大家介绍的，是环保 NGO，即专注于环保的 NGO 组织，我们习惯叫它民间环保组织。

国外民间环保组织概况

虽然民间环保组织是在过去的 30 年中才越来越多地被人们提及，才日益被人们熟知，但事实上具有非政府环保组织性质的民间环保组织的产生却是历史深远的。一些环保组织有着相当长的历史渊源。人道主义和慈善传统与这种类型的环保组织的产生有着密不可分的关系。

1824 年，世界上最古老的动物福利慈善机构——英国防止虐待动物协会成立，这一组织的成立就是为了倡导人道主义的爱护动物理念，制止当时盛行的斗狗、斗牛、斗鸡的活动，迄今这一非政府性组织已有 180 多年的历史，是世界上最古老的动物福利慈善机构。1895 年，为了管理美国大都市的公共动物园，纽约动物学学会成立，这是世界上最早的野生生物保护组织，后来发展成为国际野生生物保护学会。1903 年，一些在非洲的英美博物学家创立了大英帝国野生动物保护协会，后来发展成为野生动植物保护组织。

如果说最初基于人道主义传统或慈善传统建立的非政府环保组织大部分是和动物有关的，那么随着发展，这些基于人道主义传统或慈善传统的环保组织要么在人道主义的传统下更为壮大，要么在发展中把人道主义的传统扩展到了更广更深的领域，国际野生生物学会和野生动植物保护国际的发展就是很好的例子。以

NGO组织：环保事业的先行者

国际野生生物保护学会为例，他们致力于保护野生生物及其野外自然栖息地，开展国际性保护活动和宣传教育，并对世界最大的城市野生生物公园体系进行管理。国际野生生物保护学会以布朗克斯动物园为总部，在全世界开展野生生物及野外自然栖息地的保护工作。

成立于1961年的世界自然基金会，参与环保的领域是非常广的，涵盖了地球的生物资源，可再生自然资源，以及污染等等。成立于1967年的美国环保协会则率先尝试用法律手段进行环境保护。成立于1987年的保护国际则率先尝试了"还自然的债"的保护模式。

近年来，全球NGO发展的趋势是越来越国际化。全球环境是一个不可分的整体，对环保NGO来说，专注于拯救世界上的某一局部，而置其他角落于不顾是没有意义的，因此，正确的环境保护理念应立足于世界，而不是狭隘地把环境保护局限在一国之内，毕竟环境保护不是一国两国的事，更不是一个人两个人的事，环境保护是世界性的大事，是所有人都应当担起的一份责任。

民间环保组织在发展中越来越意识到环境保护是全球性的环境保护，除了一些自身就是国际性的非政府环保组织之外，一些最初建立在某一国的环保组织也走出了创始国，走向世界。

世界自然基金会一开始就立足于保护地球的生物资源，可再生资源等等，其创始之初就是国际性的非政府组织；1991年开始正式运作的全球环境基金是由联合国发起建立的国际环境金融机构；成立于1948年的世界自然保护联盟致力于世界的自然环境保护，是政府和非政府都能参与合作的国际性环保组织；诸如此类的国际性非政府环保组织在世界上并不少见，环境保护已经进入了国际化的进程。

如果说新生的非政府环保组织一开始走的就是国际化的路线，那些古老的历史悠久的非政府环保组织在发展中也一步步走向了国际化。英国防止虐待动物协会在180多年的发展历史中就走出了其创始国，开始在其他的国家开展项目。其他的例如绿色和平组织、美国环保协会、美国自然资源保护委员会等都已经走出了创始国，在本国内部开展环境保护的同时，在其他国家开展了各种各样的项目。

需要特别指出的是，世界各国的民间环保组织几乎都在中国开展有项目，因为中国这个世界上最大的发展中国家对与世界环境的保护地位是举足轻重的。世界自然基金会是第一个受中国政府邀请来中国开展工作的非政府性环保组织，它通过和中国政府、地方、其他环保组织团体的合作在中国开展了各种项目，包括国宝大熊猫的保护、淡水生态系统的保护等。

世界自然保护联盟在中国设立了办事处，并吸收了中国野生动物保护协会、国家环境保护总局南京环科所等会员。

绿色和平组织则和中国的有关部以及环保组织结合在中国开展气候变化、空气污染等工作。

国际爱护动物基金会则在中国开展野生动物保护工作。美国环保协会和中国有关部门合作开展的排污权交易和绿色出行项目

都获得了良好的效果。

湿地国际是第一个通过国家林业局与中国政府达成谅解备忘录而成功在中国建立办事处的国际环境保护非政府组织，它通过在中国设立的办事处开展了湿地多样性保护项目、水鸟保护项目以及环境教育项目。

国外著名环保组织选介

绿色和平

"绿色和平"是国际绿色和平组织简称，以环保工作为主，总部设在荷兰的阿姆斯特丹。绿色和平的前身是1971年9月15日成立于加拿大的"不以举手表决委员会"，1979年改为现名，并迁至荷兰。创始人为工程师戴维·麦格塔格。1979年在全球41个国家设有办事处。它开始时以使用非暴力方式阻止大气和地下核试以及公海捕鲸著称，后来转为关注其他的环境问题，包括水底拖网捕鱼、全球变暖和基因工程。

"绿色和平"组织宣称自己的使命是："保护地球、环境及其各种生物的安全及持续性发展，并以行动作出积极的改变。"不论在科研或科技发明方面，"绿色和平"都提倡有利于环境保护的解决办法。对于有违以上原则的行为，"绿色和平"都会尽力阻止。其宗旨是促进实现一个更为绿色、和平和可持续发展的未来。

虽然成立于北美，"绿色和平"在欧洲取得更大的成功，得

全球环保大行动

到了更多的成员和资金。组织绝大多数的捐赠来源于普通成员，不过也有一些来自于名人。目前在全世界已经有 250 万以个人作为名义的会员在支持绿色和平组织。

环保行动举例

1. 食物安全

国际绿色和平组织认为："假如我们现在不立刻行动，制止基因改造，数年之后，我们的大部分食物都将会是经过基因改造的'科学怪物'"。

发展基因改造技术的跨国企业，极力让大众相信这些食物都是经过严密测试的，不仅安全，而且营养丰富。可是，独立的科学家却提出警告，指出人类现在对基因的了解极其有限，因此，他们认为这种科技充满瑕疵，危机四伏。基因改造生物对环境和人类健康有何影响，目前人类尚未确知。因此，国际绿色和平组织相信，把任何基因改造生物放在自然环境中培育种植，将引致无法还原的改变，其患无穷，是极不负责任的行为。这些生物会酿成基因污染，可能对环境造成循环不息，层层递增的人造灾难。

2. 森林保护

地球上森林能吸收二氧化碳，产生氧气，固定泥土，调和气候，平衡水的循环系统，并且提供动物及植物一个相当理想的栖息处。原始森林蕴涵着丰富的生物资源，对自然生态产生平衡的作用。丧失宝贵的原始森林，便等如失去优美的自然环境，未来经济发展的机会，以至濒临绝种的生物。再甚者是会引至全球的

NGO组织：环保事业的先行者

气候变化。绿色和平积极与政府和企业展开对话和合作，以及通过对消费者进行教育推广，保护地球上仅存的原始森林。

绿色和平组织成员在墨西哥城革命广场举行抗议伐木活动

国际绿色和平组织成功促使加拿大和英国《哈利·波特》的出版商在该书新版中使用再生纸和经FSC认证的纸张；推动巴西政府保护44万公顷的亚马孙雨林；经过国际绿色和平组织的努力，加拿大政府终于将200万公顷的大熊雨林设为保护区。

世界保护动物协会

世界保护动物协会是被联合国认可的国际动物福利组织，是全球最大的动物福利社团联盟。总部设于伦敦，是由成立于1953年的动物保护联盟和成立于1959年的国际动物保护协会在1981年合并而成的。作为国际上具有领导地位的动物福利组织的联盟，世界保护动物协会在民众和政府等各个层次开展工作，确保动物福利原则得到理解、尊重和实施。

世界保护动物协会坚信所有动物的基本需要都应当得到尊重和保护，首先是动物在不受可避免的痛苦的状况下生存，同时在全世界通过开展实地项目、教育运动和与政府对话，来保护动物的这些需要。世界保护动物协会目标是推动对动物的保护，防止残酷对待动物的行为，减轻身处世界每一个角落的动物所遭受的苦难，实现一个人人重视动物福利、终止虐待动物的世界。

环保行动举例

1. 保护动物福利

主要致力于在全球通过法律程序，确保动物享有的福利，让每一个人都理解、尊重和保护动物的福利。因此世界保护动物协会的主要任务是在全球提高动物的福利标准，建成一个全球动物福利联合运动。世界保护动物协会的总政策是"动物拥有权力以摆脱苦难的方式生存"。为此世界保护动物协会有自己的术语界定和总体原则。

世界保护动物协会采取分类政策，比如对农场动物，主张在使用农场动物的各个阶段规划出相应的管理方案，尽量排除对动物所有可以避免的痛苦。同时主张农场应该使用适合动物生理以及行为需要的适当方式给动物提供遮蔽处、锻炼、食物、水以及照料，反对任何无法达到此条标准的农场动物管理模式。

对待工作动物，必须向工作动物提供足够的遮蔽场所、照料、水和食物。任何可能损害它们福利的状况必须被迅速地处理。如果需要，它们不应该继续工作直到它们的条件合适。它们不应该过度工作或者过载工作，也不应该被虐待强迫工作。

对待伴侣动物，只赞成在个人全面承诺伴侣动物福利的前提下饲养伴侣动物，必须向动物提供适合它们生理和行为需要的遮蔽处、锻炼、照料、食物和水。

世界保护动物协会原则上反对捕捉和杀死野生动物或者对它们造成折磨，这包括出于体育目的捕捉和杀死野生动物。

世界保护动物协会相信所有被人类所有或者在人类控制之下的动物，应该被安置在适合这个物种的合适的环境之下，而且，如果一个物种的生理和行为上的需求无法被满足，那么这个物种就不应该被人类掌握和控制，并且当在人类控制之下的动物福利状况存在问题时，毫无疑问人类必须向这个动物提供帮助，各种不同使用动物的目的必须被有规律地不断重新衡量。

湿地国际

湿地国际是一个独立的非盈利全球性组织，总部在荷兰，创建于1995年，是由亚洲湿地局、国际水禽和湿地研究局和美洲湿地组织三个国际组织合并组成，在非洲、美洲、亚洲、欧洲和大洋洲设立了18个办事处。

湿地国际在全球，区域和国家开展工作，其宗旨是维持和恢复湿地，保护湿地资源和生物多样性，造福子孙后代。湿地国际认为人类美好的精神、物质、文化和经济生活离不开全球湿地的保护与恢复。因此湿地国际致力于湿地保护与合理利用，实现可持续发展，以期使湿地和水资源的全方位价值与服务都得到保护和管理，以利于生物多样性和造福人类。

全球环保大行动

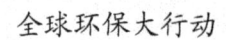

环保行动举例

1. 亚洲水鸟调查

亚洲水鸟调查活动由湿地国际统一组织协调，该活动与湿地国际在欧洲、非洲和美洲的水鸟调查合称"国际水鸟调查"。亚洲水鸟调查于1987年从印度发起，目前已迅速发展到东亚、南亚、东南亚、大洋洲以及俄罗斯远东等20多个国家和地区。亚洲水鸟调查的目标是获取每年水鸟越冬种群的资料，作为评价湿地状况及监测水鸟的种群的基础；每年定期监测湿地的状况；激发人们对水鸟和湿地保护的兴趣，促进地区的湿地和水鸟保护活动。

亚洲水鸟调查于每年1月的第2和第3周进行。水鸟调查的种类范围几乎包括《湿地公约》定义的所有种类。亚洲水鸟调查开展的活动主要有：亚洲水鸟调查项目各地区协调员收集本地区水鸟调查数据；各地区数据统一汇总到湿地国际；湿地国际在对数据进行分析整理后出版调查报告；将调查报告赠送有关的政府、非政府、国际组织，以及参与调查的所有人员。

湿地国际中国办事处在中国开展了各种各样的水鸟保护活动，比如在云南进行的黑颈鹤保护项目。

中国民间环保组织概况

发展历程

1978年5月政府部门发起成立民间环保组织——中国环境科

NGO组织：环保事业的先行者

学学会。随后，1991年辽宁省盘锦市黑嘴鸥保护协会注册成立。1994年"自然之友"在北京成立，成为中国第一个真正意义上的民间环保组织。从此，我国民间环保组织开始不断崛起。

1995年，"自然之友"组织发起了保护滇金丝猴和藏羚羊行动，这是我国民间环保组织发展的第一次高潮。这一时期，民间环保组织从公众关心的物种保护入手，发起了一系列的宣传活动，树立了民间环保组织良好的公众形象。1999年，"北京地球村"与北京市政府合作，成功进行了绿色社区试点工作，中国民间环保组织开始走进社区，把环保工作向基层延伸，逐步为社会公众所了解和接受。

2003年的"怒江水电之争"让多家民间环保组织开始联合起来

2003年的"怒江水电之争"和2005年的"26度空调"行动，让多家民间环保组织开始联合起来，为实现环境与经济发展

目标一致而行动。中国民间环保组织已由初期的单个组织行动，进入相互合作的时代。民间环保组织活动领域也从早期的环境宣传及特定物种保护等，逐步发展到组织公众参与环保，为国家环保事业建言献策，开展社会监督，维护公众环境权益，推动可持续发展等诸多领域。

根据中华环保联合会发布的《2008中国环保民间组织发展状况报告》，截至2008年10月，全国共有由政府发起成立的民间环保组织1309家，学校环保社团1382家，草根民间环保组织508家，国际环保组织驻中国机构90家，港澳台地区的民间环保组织约250家。

报告显示，草根环保民间组织数量增长尤为明显，三年来增加了近300家，比2005年增长近1倍；北京、广东、湖北、云南、西藏、新疆等地的草根环保民间组织发展尤为迅速。

报告列举了近年来民间环保组织的发展状况，指出民间环保组织的办公条件有所改善，55.2%的组织拥有了专用办公场所，比2005年增长了15.2%；26.0%的民间环保组织拥有了固定的资金来源，比2005年增长2.1%。与此同时，民间环保组织在发展过程中仍面临着筹款能力弱、人才短缺、组织能力不强等问题。

报告指出，2005年后，随着民间环保组织的壮大和发展，民间环保组织在影响政府环境政策、监督政府更好地履行环保职责、从事环境宣传教育、推动公众参与等方面都起到了积极的作用，成为政府环境保护工作的有益补充。

调查显示，58.6%的民间环保组织都参与了节能减排工作，包括研发、推广节能减排的环保产品、向公众开展宣传教育等；11%的民间环保组织参加了环境维权工作，监督企业履行社会责任。

组织特点

我国环保民间组织分四种类型：①由政府部门发起成立的民间环保组织，如中华环保联合会、中华环保基金会、中国环境文化促进会，各地环境科学学会、环保产业协会、野生动物保护协会等；②由民间自发组成的民间环保组织，如自然之友、地球村，以非营利方式从事环保活动的其他民间机构等；③学生环保社团及其联合体，包括学校内部的环保社团、多个学校环保社团联合体等；④国际环保民间组织驻华机构。

资金筹措方面，民间环保组织资金最普遍的来源是会费，其次是组织成员和企业捐赠、政府及主管单位拨款。76.1%的民间环保组织没有固定的经费来源。有45.5%的国际环保组织驻华机构、32.9%的政府部门发起成立的民间环保组织拥有相对固定的经费来源，而民间自发组织和学生环保社团中拥有固定经费来源的仅为20%左右。

在与政府的关系方面，95%以上的民间环保组织遵循"帮忙不添乱、参与不干预、监督不替代、办事不违法"的原则，寻求与政府合作；61.9%的民间环保组织认为拥有与政府直接沟通的正常渠道；选择与政府合作的民间环保组织有64.6%，选择既非合作亦非对抗的有32.1%，认为存在一些矛盾的有3.3%。

在与企业的关系方面,大多数民间环保组织愿意和环境形象较好的企业开展合作。一些民间环保组织的活动和污染企业的利益会发生冲突;24.4%的民间环保组织认为偶尔与企业利益发生冲突;2.3%的经常与企业利益发生冲突。在和污染企业进行交涉时,民间环保组织最常用的方式是向政府部门反映,占68.6%;其次是与企业协商、谈判,占40.0%;采取诉讼等法律途径或集会、抗议等方式的很少。

在与媒体和公众的关系方面,借助媒体扩大影响力进而得到社会公众的支持已成为我国环保民间组织的共识。有79.4%的环保民间组织被媒体正面报道宣传过。90%以上的民间环保组织经常组织公众参与环保活动;63.4%的民间环保组织与学校有合作关系;41.7%的与研究机构有合作;我国社会公众对民间环保组织的支持率已达69.5%。

我国民间环保组织具有年轻人多、学历层次高、奉献精神强、影响面广等显著特点。环保民间组织从业人员中,80%左右为30岁以下的青年人,70%的环保民间组织负责人年龄在40岁以下。

从总体上看,目前我国环境保护民间组织的现状是起步晚、数量少、作用小、影响微、活动范围窄、与工业发达国家的差距大,不但与工业发达国家的民间环境保护群众组织不可比拟,也与有13亿人口的环境大国地位不相符合,难以满足环境保护事业和市场经济发展的需要。另外,在国际环境保护领域,我国民间环境保护群众组织所起的作用、所做的贡献也与我国的地位不

NGO组织：环保事业的先行者

相般配。

社会作用

近十年来，我国民间环保组织在环境保护工作中，发挥了积极作用。它起到了政府职能所不易做、不便做的拾遗补缺的补充作用；起到政府与社会之间的沟通、交流和融合作用；起到监督政府、保护百姓环境权益的作用；起到宣传群众、引导群众、组织群众参与各种环境活动以及咨询和服务等作用。

年轻人是中国环保的生力军，图为骑自行车宣传环保的大学生

宣传与倡导环境保护，提高全社会的环境意识

开展环境宣传教育、倡导公众参与环保，是我国环保民间组织开展最普遍的工作，对提高全民族的环保意识起到了重要的促进作用。

2000年5月，"自然之友"启动了我国第一辆环境教育流动教学车——"羚羊车"，向中小学生以及社会群众宣传保护自然环境、生态环境以及保护野生动物的紧迫性和责任心，影响深入，反应良好。1999年底，重庆绿色志愿者联合会组织志愿者徒步嘉陵江两岸环保行，历时45天，行程1170多千米，途径4省

(市)、23个县、120多个乡镇,通过发放环保宣传材料、演讲等形式,广泛传播环保理念,开展环保教育活动。他们还举办了8期教师培训班,对600多名教师进行了环境教育培训。北京地球村在中央电视台开设了专栏《环保时刻》。武汉绿色环保服务中心在当地广播电台开播专栏宣传环保。中国环境文化促进会每年组织万人参与环境文化节,宣传人与自然和谐的环境文化。50%以上的环保民间组织都建立了自己的网站,目的是向社会和公众传播环境知识、宣传环境主张、提高全社会的环境意识。

开展监督,为环境事业建言献策

民间环保组织的另一重要作用就是监督政府实行环境主张,落实环保举措,坚持可持续发展。同时为其建言献策,把实现国家的环境与发展目标同自己的宗旨紧密结合起来,充分表明我国的环保民间组织进一步走向成熟。

2002年,重庆市决定在主城区建30万千瓦燃煤发电厂,市民反应强烈。重庆市绿色环保联合会组织市民召开研讨会,建议政府停建以牺牲重庆市主城区空气环境为代价的工程。2003年底,重庆市政府采纳了建议,停建该工程。

2005年4月,中华环保联合会在全国范围内开展了公开征集公众对国家"十一五"环保规划意见和建议,有420多万人参与,提出9个方面27条高质量的建议,得到了国家环境保护总局和国务院领导的肯定。

保护自然生态,实行合理有序开发,这是"绿色流域"、"绿色家园"和"自然之友"等多家环保民间组织历时两年,围绕怒

江水电开发提出的合理化建议。众所周知的怒江梯级水电开发在社会上争论很大。民间环保组织邀请各方面的专家和当地群众数次研讨,并通过云南省政协提出了"保护怒江、慎重开发"的提案,环保民间组织代表也联名向中央有关部委呈送了公开信,最终各方达成了怒江开发要充分论证的共识。

扶贫解困,推动发展绿色经济

环境与贫困是互为因果的关系,贫困可以导致环境破坏,环境恶化也可以造成贫困加剧。因此,构建人与自然和谐发展,才是真正符合自然和经济发展规律的。民间环保组织在实践中把保护环境与脱贫致富有机结合起来,实行了良性互动,效果很好。

陕西妈妈环保志愿者协会围绕西部开发战略部署,在10个县1万户农户中开展"绿色家园环保示范户"创建工作,引导农村妇女发展无污染无公害生态农业和建设以秸秆、人畜粪便综合利用的农村庭院沼气再生能源,走出了保护生态环境和发展绿色经济脱贫致富的新路子。

湖南岳阳市环保志愿者协会组织农户退耕植树造林,每亩(1亩≈666.67平方米)付给农户100元补贴,成林后全部效益归农民所有,极大地调动了农民退耕还林的积极性。

云南省丽江拉市海地区生态资源丰富。拉市海鱼市高价,刺激当地居民过度捕捞,鱼类资源急剧衰退。当地居民被迫上山砍树维持生活,从而加剧了生态恶化。2000年5月,环保民间组织"绿色流域"启动了拉市海水环境和水资源保护项目,与当地政府和村民共同制订了流域管理和对流域渔业、农业、旅游开发规

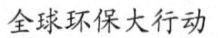

划,建立了村级流域管理小组,还聘请国外专家指导,在两年多时间内实现了经济效益和环境效益双赢目标。2003年3月,在日本召开的世界水论坛上,拉市海项目被评为全球150个"最佳水资源保护项目"之一。

丽江拉市海湿地公园

维护社会和公众的环境权益

环保民间组织在维护社会和公众环境权益方面发挥了积极作用,有力地推动了政府把环境知情权、参与权、监督权和享用权真正赋还给公众,把公众对"四权"的真实意见反馈给政府。

1999年11月,中国政法大学污染受害者法律帮助中心,开通污染受害者法律咨询热线,无偿地为污染受害者提供法律服务。它已为1万多名污染受害者提供法律帮助,为50多起环境污染案件的受害者向法院起诉或通过行政途径加以解决。2005年,该中心支持"福建省屏南县1721位农民诉福建省(屏南)

NGO组织：环保事业的先行者

榕屏化工有限公司环境污染侵权案"胜诉，为当地农民挽回经济损失68万余元，此案被评为2005年中国十大影响性诉讼之一。

2004年11月，"绿色和平"公布了《金光集团APP云南圈地毁林事件调查报告》。浙江省饭店业协会知悉后发出《关于抵制APP纸产品的通知》，呼吁全省417家星级饭店抵制金光集团纸制品及其附属产品。金光集团以"侵犯金光纸业与金光集团的名誉权"将浙江省饭店业协会诉上法庭，要求索赔220万元人民币。中华环保联合会经过分析研究相关资料，请环境与法律专家研讨，确认了金光集团确实存在破坏生态的行为。2005年2月，中华环保联合会组成了环境法律援助团赴浙江，支援浙江饭店业协会的维权应诉。法院开庭前夕，金光集团撤诉。中华环保联合会法律服务中心成立一年来，介入公众污染受害案件23起，涉及群众3084人，支持和协助政府解决7起环境污染案件。

在保护珍稀濒危野生动物中发挥了积极作用

我国是世界上生物多样性最丰富国家之一，由于种种原因，生物多样性遭受破坏十分严重，一些动植物濒临灭绝，中国民间环保组织不遗余力地加以保护，做出了卓越贡献。

1995年12月，"自然之友"发起了对滇金丝猴的保护行动，北京林业大学山诺会联合8所首都大学的学生环保社团组织开展为滇金丝猴烛光守夜活动。在各方共同的努力下，滇金丝猴栖息的原始森林得以保护。为了保护濒临灭绝的藏羚羊，1995年2月，"绿色江河"在西藏可可西里组建了我国第一个民间自然保护站——"索南达杰"自然保护站。"自然之友"的会长梁从诫先生专门致信英国首相布莱尔,敦促英国政府制止伦敦藏羚羊绒的黑市交易。2002年8月,"绿色江河"向青藏铁路施工单位递交了《关于保证藏羚羊顺利迁徙急需采取相应措施的建议书》,敦请施工单位设置了专门为藏羚羊迁徙让道的红绿灯。南京学生环保社团"绿石"组织志愿者昼夜守护国家二级保护动物——中华虎凤蝶,直至幼蝶顺利孵化。

面临的问题

随着民间环保组织的茁壮成长,困难和尴尬也接踵而至。

(1)资金紧张是最大的问题。据"北京地球村"负责人廖晓义介绍:由于缺乏完善的税制,民间环保组织在国内筹资非常困难。"地球村"一直没有固定的经费来源,其基本费用是用制作电视节目的经费来支撑的,吃了上顿没下顿。而"绿家园"微薄的活动经费,大部分是由志愿者自发筹集的。

(2)注册的问题。一些民间组织是正规性的,已经进行了注册登记或拥有其他合法身份;剩下的则是民间性,不拥有任何行政权力。部分环保组织不得不以企业身份在工商部门注册,但是当年底工商局的人就要来收税。"我们是做公益事业的,资金都是由募捐而来,却要交税。"如此现状,让众多组织哭笑不得。

(3)活跃性。民间环保组织初期是由政府推动的,是来源于公众。导致了部分民间活动组织过分地依赖政府,没有活力,没有过强的独立能力。缺乏广泛的群众基础,已导致公众不能或者不愿意参加环保组织。

(4)一些政府部门和企业对民间环保组织实施环境监督,心

存戒备和疑虑，持消极态度，导致民间环保组织不能正常参与环境的一些政策研究、法规建设、污染防治、公众参与等重要活动；再加上环境听证制度、公开制度、公众参与制度不健全，不能实行及时和有效的监督。

（5）还存在环保民间组织的专业性不强的问题。我国26.8%的环保民间组织的全职人员没有环保相关专业，近50%的环保民间组织中仅有1~2名环保专业人员，社会认知度低，缺乏培训是造成专业性不强的主要原因。

党中央明确提出了建设资源节约型、环境友好型的社会主义和谐社会目标。摒弃先污染后治理的老路，走以环境优化经济发展的可持续发展之路，是民心所向，是社会进步之所需，环境事业迎来了大发展的春天。伴随社会主义民主政治改革的深化和环保春天的到来，我国环保民间组织必将蓬勃发展。

中国著名民间环保组织选介

自然之友

"自然之友"是中国最早在民政部门注册的成立的民间环保组织之一。成立于1994年3月31日。创始人是梁从诫、杨东平、梁晓燕和王力雄。创会会长是全国政协委员、中国文化书院导师梁从诫教授，现任理事长是社会文化和教育问题专家杨东平教授。现有会员1万余人，其中有3000余会员极其活跃，会员发起创办的NGO也已有十多家。该组织以开展群众性环境教育、

全球环保大行动

倡导绿色文明、建立和传播具有中国特色的绿色文化、促进中国的环保事业为宗旨，在国内有着良好的公信力和影响力，为中国环境保护事业和公民社会的发展做出了重大贡献。

环保行动举例

1. 保护藏羚羊活动

"自然之友"的声名鹊起，源于可可西里"支持野牦牛队，保护藏羚羊"的行动。1990年我国拥有藏羚羊的数量大约为100万只，到1995年下降到7.5万只。为了保护这一种群，1997年8月中旬会员杨欣为筹款建立可可西里索南达杰自然保护站，来京义卖他的著作《长江魂》，会员踊跃认购。同时开始了建立"自然之友站"的募捐活动。9月10日由杨欣个人筹资策划、自然之友志愿者积极参加的索南达杰自然保护站一期工程胜利完工。

1998年10月"自然之友"会长梁从诫会见正在访华的英国首相布莱尔，并向他提交了一封要求英国制止其国内非法藏羚绒贸易的公开信。次日布莱尔即回信表示同情和支持。"自然之友"和国际爱护动物基金经过共同努力，于1998年12月下旬为治多县西部工委募集到40余万元。为了使藏羚羊切实地得到保护，"自然之友"等非政府环保组织尽最大努力，支持政府一切有力措施，保护着这些日渐减少的稀有物种。

2. 低碳出行

在北京，汽车尾气排放的污染物占大气污染物的1/3以上。一向关注着绿色出行的"自然之友"从2005年就发起了"骑车

NGO组织：环保事业的先行者

2009年6月"自然之友"低碳活动宣传画

北京"的活动。并在2006年2月向国家提出了《关于实施并完善北京市自行车交通规划的建议书》。并陆续通过发布"骑行绿地图信息标注平台"评选低碳出行人物等形式，让市民关注骑行环境及骑行文化。

当"骑行北京"活动结束后，为了让城市居民发自内心地选择骑车、公交、拼车等"低二氧化碳排放"的方式，自然之友于2008年8月22日推出"低碳出行"活动，希望能提升骑行、公交的关注和认同，并从细节上改善骑行、公共交通的舒适度，使"低碳出行"成为城市居民的自主选择。

全球环保大行动

地球村

北京地球村环境教育中心（简称北京地球村）成立于1996年，是一个致力于公众环保教育的非营利民间环保组织。地球村现有15名全职工作人员，正式注册的志愿者有上千人。

（1）1996年元月1日始，地球村在中国教育电视台开办了《绿色文明与中国》的环保教育电视专栏，在CCTV－7（科技，少儿，农业频道）独立筹办制作电视栏目《环保时刻》。4月开始对北京的垃圾问题进行社会调查，推动北京垃圾回收体系的建立和市民对环境保护的参与。

（2）1999年建立生态试验田，出产的蔬菜送往一些社区，让居民切实感受到垃圾回收的作用。

（3）2000年地球村发动和组织了2000年地球日中国行动——中国第一次NGO的联合行动。

（4）发起"绿色奥运、绿色生活、绿天使"行动，发动83万绿天使带动83万个家庭实施绿色生活承诺，并由此建立了这些孩子的绿天使档案。

（5）组织了中国第一次环保歌曲的征集活动，共征集歌曲900多首。

（6）2003年举办"绿袋子行动"、"绿色照明"、"推动森林认证"、"绿色生活论坛"、"生命之水、未来之水——地球村2003年地球日系列纪念活动"等活动。

环保行动举例

1. 节能20%公民行动

如今我们进入超市、菜场等场所，不再拥有无偿的塑料袋。这与"节能20%公民行动"2007年在全国发起"绿色包装——11·28减塑日活动"有一定关系。"节能20%公民行动"于北京地球村联合全国各地的环保机构，在2007年共同发起。以倡导低能耗生活方式、消费方式为核心，配合国家已经实施的各种节能政策措施，开展空调测温、能效标识推广、绿色出行、绿色照明等一系列活动，通过科学测算总体的节能效果，向2008奥运会展示中国公民应对能源、环境乃至气候变化问题的决心，为中国实现2010年20%的节能目标贡献一份来自民间的智慧与力量。

该行动倡导消费者重复使用塑料袋购物，减少对一次性用品的依赖等环保理念，并向公众发起"绿色包装我选择"的倡议。在11月28日，与超市、大学合作，开展一天"塑料袋收费"活动。利用经济手段控制塑料袋的使用量，推广"环境有价"、"污染者自负原则"，广泛促进消费者改变消费方式，并影响相关部门在塑料袋发放管理及商品包装方面制定具有针对性的法规。

2. 绿手绢行动

纸巾是我们生活中必不可少的东西，同时大片的原始森林被用于造纸的速生林所代替，物种栖息地的消失，生物多样性遭到破坏。生产纸巾的过程消耗了大量的水和能源，而他们产生的废弃物又造成大量的垃圾。进口木浆的不断涨价，让我们的原始森林受到了严重的破坏，每一位过度使用纸巾的人，都对此负有难

全球环保大行动

国际小姐刘飞儿与地球村主任廖晓义携手宣传"减塑日"

以推卸的责任。而一条手绢可使用多年,不仅安全卫生且经济实惠。

每年的 5 月 22 日是"国际生物多样性日"。2009 年的这一天北京地球村发起了"无餐巾纸日"提醒着每一个使用纸巾的人自己正在对原始森林和生物的多样性进行着破坏,同时我们还要对气候变暖负起重大的责任。"无餐巾纸日"号召大家减少使用纸巾来保护原始森林、水、土地资源,减缓气候变暖的影响,进而保护生活多样性及人类自身利益。同时该行动也称为"绿手绢"。

3. 绿眼睛

"绿眼睛"环境组织是中国最活跃的以"野生动物与自然保护"为使命的民间环保团体之一,于 2000 年建基中国温州,创

办人方明和当时年仅 17 岁，并在 19 岁担任绿眼睛法人代表，被《南方周末》人物周刊称为"中国环保组织最年轻的掌门人"。

"绿眼睛"的起点始于一次暗访。2000 年夏天，方明和孤身到广州市野生动物交易市场暗访，一幕幕血腥屠杀的场景触目惊心。他愤怒地暗暗发誓："我必须为沉默者代言！"于是，在方明和的倡议下，12 名中学生创立了青少年自然考察队，2001 年正式更名为"绿眼睛"。

为大自然和野生动物请命是当时成立的初衷，经过 9 年的艰苦历程，"绿眼睛"已经从一个当初十几名中学生组成的青少年环保小组成长为支持者近万人的全国性环保网络。它在北京人民大会堂获得过国家领导人颁发的"福特环保奖"全国自然保护二等奖，国家八部委颁发的"全国保护母亲河先进"等社会荣誉，其在浙江和福建的分会分别被当地政府授予"感动温州集体奖"、"感动福建提名奖"。它的环保事迹被中央电视台、新华社、《人民日报》、英国 BBC、日本 NHK 等国内外媒体广泛报道。

方明和说："'绿眼睛'有两层意义，一是像爱护眼睛一样爱护自然环境和野生动植物，二是代表了公众监督环境保护的眼睛。"

环保行动举例

1．"渴望飞翔"救助行动

2006 年的 6 月，浙江永嘉县乌牛镇杨家山村发生一起鹭鸟盗猎事件，6 名安徽籍盗猎者疯狂盗猎 600 多只小夜鹭。当天，罪犯被永嘉县林业公安部门扣留，而 600 只夜鹭的幼雏却不知如何

全球环保大行动

"绿眼睛"环保中心的志愿者放飞一只白腹隼雕

处理。

"绿眼睛"获悉后，即刻组织人员赶往事发地。赶到现场的"绿眼睛"成员白洪鲍描述："现场遍地横尸，四周弥漫难闻的气味，但尚有生命在挣扎。我们几个当即决定将存活的生命统一救助。"一场延续20天的小夜鹭救援行动，就此拉开序幕。夏日的天闷热无比，"绿眼睛"的志愿者顶着40℃高温对整座山进行地毯式的搜救，决不放弃一个小生命。经过不懈的努力，他们救获了210条小生命。白洪鲍说："那些幼鸟连羽毛都没长，才巴掌大，连吃的也不会找。我们救下200多只，当时正值台风期，没有鱼了，志愿者满大街找，一天都是几十斤。"

在20天的细心呵护下，小夜鹭终于可以独自飞翔；此间，志愿者们用爱心行为，感染着当地的村民们。

2. 12天守候白天鹅

2007年11月，4只国家二类保护动物白天鹅飞抵福鼎市城

关的桐山溪越冬，仅逗留一天，一只成年的雄性白天鹅便惨遭偷猎者的杀害。与此同时，附近村民还以围捉、投石子的方式惊扰白天鹅的生活。

事发当晚，总部在温州的"绿眼睛"志愿者立即赶往福鼎。"绿眼睛"成员陈法琳说："当时，我们来不及带换洗衣服和准备干粮，背上两个简易帐篷就出发了。"

到达目的地后，陈法琳和伙伴们便开始昼夜守护，不仅两眼紧盯3只白天鹅，还时刻关注围观群众的举动。"每次轮班，我们就得守上两天一夜，30多个小时几乎寸步不离。期间，吃饭靠伙伴们从外面带。"陈法琳说，"到了晚上，为了确保白天鹅的安全，我不敢打手电筒，不敢大声说话，只是侧耳倾听白天鹅是否拍动翅膀，附近是否有人蹚水走近。"

守护期间，陈法琳与伙伴们印刷了2万份白天鹅保护的宣传单，分发给现场的福鼎市民，并详细解说保护白天鹅的注意事项。

12天的精心守候，直到3只白天鹅飞走后两天，陈法琳与伙伴们才安心撤回温州。

绿色江河

"绿色江河"是四川省绿色江河环境保护促进会的简称，是经四川省环保局批准，在四川省民政厅正式注册的民间团体。创始人是杨欣。

在西方人眼中，好水是蓝色的，如"蓝色的多瑙河"、"蓝色的海洋"；而在中国人眼中，好水是绿色的，如"白毛浮绿水，红掌拨清波"、"绿水青山"。实际上，纯洁的水是没有颜色的，西方人眼中的蓝色是澄明天空的反射，中国人眼中的绿色是周围植被的映照。青山常在，绿水长流，正是我们为之努力的目标。"绿色江河"的名字就是这样孕育、诞生的。

"绿色江河"以推动和组织江河上游地区自然生态环境保护活动，促进中国民间自然生态环境保护工作的开展，提高全社会的环保意识与环境道德，争取实现该流域社会经济的可持续发展为宗旨。

"绿色江河"的主要任务是：组织科学工作者、新闻工作者、国内外环保团体等对长江上游地区进行系列环境科学考察；建立长江源头自然生态环境保护站；出版宣传生态环境保护的出版物及美术、音像作品；开展群众性环境保护活动及国际生态环境保护的学术交流。

环保行动举例

1. 为藏羚羊设红绿灯

1996年5月，"绿色江河"走进可可西里，开始为可可西里的藏羚羊保护进行呼吁。1996年5月中国民间第一个自然生态环境保护站——索南达杰自然保护站奠基。

2001年"绿色江河"从全国众多志愿者中选拔出30名志愿者分12批次进行了53次野生动物调查，系统科学地记录了青藏公路沿线100千米野生动物的种群及迁徙情况，并完成了《五道渠到昆仑山口的野生动物调查报告》。

2004年"绿色江河"继续在可可西里地区实施"藏羚羊种群

NGO组织：环保事业的先行者

"绿色江河"成员在条件艰苦的可可西里地区保护藏羚羊

数量调查及迁徙保护"项目。项目展开期间，记录长江源头地区青藏铁路、公路沿线100千米范围藏羚羊分布、迁徙和数量情况，通过为藏羚羊清理迁徙路障、青藏公路拦车等方式，多次协助迁徙中的藏羚羊通过铁路和公路，并在青藏公路上设置了中国第一个野生动物通道临时红绿灯。仅2004年6~7月就护送了2000多只藏羚羊通过青藏铁路和青藏公路，使藏羚羊保护更为人性化，同时也对中国野生动物保护起到了一定的推动作用。

自1995年"绿色江河"通过10年的努力，使长江源生态环境和藏羚羊的命运终于受到政府和社会关注。

2. 保护城市雨水口

在城市马路边，小区边，菜市场露天的地方有许多用铁箅子覆盖的小洞。可能我们很多人都会误以为这个是排污口，下水道，并向里面倾倒垃圾废水，最终导致城市河流和饮用水的污染。那你可能会疑惑这个是什么，这个就是雨水口，这些地方都

· 133 ·

全球环保大行动

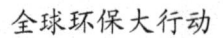

是在雨天为雨水提供排放的通道。这些水不会进入污水处理厂，而是直接排向城市的河流。

欧美国家的城市也普遍有过水体污染的教训。而他们实施的最有效的保护城市水体的行动之一就是告诉每个孩子与成人，决不能往路边的雨箅子中扔垃圾、倒脏水，因为那是直接通往城市河流的雨水通道。任何玷污雨水口的做法都会被全社会视为耻辱，市民甚至可以报警。

"绿色江河"从2006年发起了"保护雨水口，就是保护城市河流"系列项目活动，并对成都市二环路以内的雨水口进行了调查。调查表明造成雨水口污染的主要渠道是餐馆和居民人为地将泔水排入雨水口，甚至是汽车污水与农贸市场的污水。同时，"绿色江河"通过宣传及教育，使保护雨水口成为公众的一种自觉行为，减少污水的直接排放，有效改善城市河流的水环境。

环保先锋：鼓动家和实干家

本章主要介绍环境保护领域的鼓动家和实干家，他们中有在世界环境保护运动史上影响深远的人，有环保领域的演说家，有走在时代前列的环保活动家，以及不停奔走，把一生主要精力都贡献给环保事业的人。他们在保护人类生存环境和寻求人与自然的和谐发展中进行了宝贵探索；他们为了引起社会和人们对环境保护的重视，呼吁着、奔走着；他们从弘扬绿色理念，到倡导绿色事业，再到影响公共政策，感召了一批又一批人加入到环保队伍中来。

当然，本章介绍的这些人只是环保领域的杰出代表，还有更多的环保人士都在默默无闻地做着同一件事情，从事着一项不平凡的事业，那就是——热爱自然、保护环境。

"国家公园之父"——约翰·缪尔

约翰·缪尔（1838～1914），早期环保运动的领袖。他的大自然探险文字，包括随笔、专著被广为流传。缪尔帮助保护了约塞米蒂山谷等荒原，并创建了美国最重要的环保组织"塞拉俱乐部"。他一生致力于自然保护事业，被誉为美国"国家公园之父"，成为美国最著名、最具影响力的自然主义者和环保主义者。

缪尔生于苏格兰，11岁全家移民到美国威斯康星州的一个农场。在威斯康星大学上了几年学后，他做了一名工业工程师，致力于机械发明，一次工厂事故严重破坏了他的视力。后来他改行从事自然探险和环境保护事业，并于1874年开始了写作生涯，共发表、出版了300篇文章和10本描写美国自然风光的作品。

1892年，缪尔创建了美国最早、影响最大的自然保护组织——塞拉俱乐部。在缪尔的大力呼吁和设计下，巨杉国家公园和优胜美地国家公园终于在1890年建立。以后他又亲自参加了雷尼尔山、石化林、大峡谷等国家公园的建立。

缪尔于1901年出版了《我们的国家公园》，这部作品感染了无数美国人，也感染了西奥多·罗斯福总统。1903年春天，罗斯福总统邀请缪尔到优胜美地野营。"优胜美地"源自印第安语，意即灰熊，是当地印第安土著崇拜的图腾。虽然只有短短几天的旅行，罗斯福总统感到非常惬意。他与缪尔无拘无束地交谈，达成了珍爱自然、保护自然的共识。罗斯福在离开缪尔和优胜美地以后，说了一句意味深长的话："我们建设自己的国家，不是为了一时，而是为了长远。"随后，他立即宣布扩大塞拉森林的保护面积。

环保先锋：鼓动家和实干家

图为优胜美地国家公园。随着地球环境问题日趋严重，国家公园作为生态实验室和"基因库"的概念日益清晰起来

《我们的国家公园》一书，至今仍对读者的影响深刻，缪尔提出了人类对大自然应尽的义务和责任。他认为"国家公园"是大自然贡献给人类的杰作，是大地的锦缎和精髓。《我们的国家公园》的基本思想是把自然的美学、保存自然遗产的价值和保护自然的科学方法结合起来。缪尔成功了，他用自己的自然哲学思想影响了美国总统及美国政府，使美国乃至全人类的自然保护事业进入了一个新纪元。

目前，全世界拥有的国家公园或类似的自然保护区已超过1000个。建立国家公园的想法，并非缪尔的发明。早在1832年，美国边塞风景画家乔治·卡特林曾提出建立国家公园的建议，

全球环保大行动

1872年美国国会通过法律，创立了世界第一个国家公园——黄石国家公园。此举开创了一种保护自然环境的体制，缪尔是最有力的实践者和推动者，成为19世纪和20世纪最杰出的环保主义者。

开启环保运动革命——蕾切尔·卡逊

蕾切尔·卡逊（1907～1964），美国著名生态文学作家、生态哲学家。她最早提出了有关环境污染的一些问题，开启了环境保护的先河。1980年，美国政府追授她"总统自由奖章"。

1907年，卡逊出生于美国俄亥俄州春谷市的一个农场，从小爱好文学，10岁时就在儿童刊物上发表作品。她喜爱读书写诗，热爱大自然。中学毕业后进入宾州女子学院主修英国文学。大二时的一门生物学课唤醒了她对大自然的好奇心，继而转修动物学专业。

1929年，卡逊以优异成绩获得约翰·霍布金斯大学动物学硕士学位后，便在马里兰大学教了几年动物学，暑假期间在麻州的海洋生物实验室做试验和研究，其后供职于华盛顿渔业局。

其后，卡逊出版了《环绕我们的大海》，这本书取得了巨大成功，在美国畅销榜上连续停留了86周，不计其数的读者来信都称"它是最美妙的作品"。

1958年1月的一天，担任海洋生物专家的卡逊接到她的一位朋友来信。信中写到，1957年夏天，州政府为消灭蚊子用飞机喷洒了DDT，飞过她的私人禽鸟保护区上空。第二天，鸟儿都死

了。卡逊收到信件后，就问朋友这件事的具体情况，后来她意识到必须自己做点什么。于是为此事写一本书的想法便诞生了。从收集资料、寻找证据、查阅文献，卡逊希望用事实告诉人们DDT的危害，而此时的她正受着癌症的折磨，因此，书稿进展非常缓慢。

1962年，卡逊的《寂静的春天》出版了，卡逊在书中不仅向人们揭示了人对自然的冷漠，还有卡逊花费四年时间搜集的大量无可辩驳的事实，证明了由于对剧毒性农药DDT的滥用，不仅仅是给花鸟虫鱼带来致命的危害，也带给人类巨大的危害。

1962年6月16日，当《寂静的春天》先期在《纽约客》上开始连载发表后，就引发了50多家报纸的社论和大约20多个专栏的文章。这些文章里不仅仅是震惊，还有恐慌，特别是来自利益受损的化学工业界的愤怒。有的人竟对卡逊进行人身攻击，说她是"大自然的修女"、"大自然的女祭司"。杀虫剂生产贸易组织——全国农业化学品联合会不惜耗资5万美元来宣传卡逊的"错误观点"，以保护自己的利益。此外，还有不计其数的攻击和冷嘲热讽向卡逊袭来。病情的恶化使卡逊无力对这些攻击一一还击，但她仍然坚定地坚守自己的观点，并大声疾呼人类要爱护环境，要对自己的活动负责，要具有理性思维能力并与自然和睦相处。她不屈不挠的斗争引起了美国民众和社会的认同，也引起了时任美国总统约翰·肯尼迪的高度关注。肯尼迪总统让"总统科学顾问委员会"对书中提到的化学物进行试验，来验证卡逊的结论。验证结果证明了卡逊在书中的论断正确。1963年，美国政府

认同了书中的观点。同年,她被邀请参加美国总统的听证会。在会议上,卡逊要求政府制定保护人类健康和环境的新政策,并希望通过那本书能影响政府的立法和措施以采取相应行动。随后,DDT等一些高危杀虫剂开始被一系列严厉的法规所限制,最终退出历史舞台。一些食品药品管理标准陆续出台并纳入公众视野。

环保运动的崛兴,促使美国政府采取了一些治理环境污染的措施

《寂静的春天》的出版不仅在全美国乃至全世界掀起了一场前所未有的关于环境问题的大规模辩论。而且,这本书明确提出了20世纪人类生活中的一个重要却为人忽视的课题——环境污染。更重要的是,它为环境立法迈开了第一步而且引发了以后的环保运动革命,其意义远远大于书本身。

环保先锋：鼓动家和实干家

"生态伦理之父"——奥尔多·利奥波德

奥尔多·利奥波德（1887～1948），美国著名生态学家和环境保护主义的先驱，被称为"美国新环境理论的创始者"、"生态伦理之父"。他曾任联邦林业局官员，毕生从事林业和猎物管理研究。他一生共出版3部书和500多篇文章。1949年，他离世一年后出版的《沙乡年鉴》是其最重要的著作。

1887年，利奥波德出生在美国衣阿华州伯灵顿市的一个德裔移民之家。1906年，利奥波德成为耶鲁大学林业专业的研究生。毕业后，他作为联邦林业局的职员被派往亚利桑那和新墨西哥当了一名林业官。1915年，他被任命负责管理森林局西南部地区的渔猎活动。在利奥波德管理西南部渔猎活动之前，森林局和州政府之间签定了一份协议，协议规定林警也可以代表州政府的狩猎监督官。利奥波德到那里之后，再也没有发生过一起逮捕事件。他马上起草了一本渔猎手册，规定了管理森林的官员在相应的狩猎工作中的权利和义务，并且在一些地区设立木桩对动物加以保护；成立了狩猎保护小组，严格执行狩猎保护法律，为动物们营造避难家园，使枯竭的水资源和陆地重新获得了生命。

利奥波德在努力使吉拉作为一片荒野地区来管理的提议中发挥了作用。他向森林局提出了一个建议，他建议将无路的地区留出来作为自然保护区，他不希望看到这些地区被开辟为各种娱乐场所，诸如野营地、私人的或商业上的出租地等。1924年，森林局采纳了他的建议，将新墨西哥州的吉拉国家森林开辟为野生自

· 141 ·

然保护区。

1924年，利奥波德受林业部门的调遣，又到设在威斯康星州麦迪逊市的美国林业生产实验室担任负责人，他于1928年离开林业局。利奥波德把兴趣转移到了自己更为关心的野生动物研究上。有一年，他得到赞助，使他有条件在美国中部和北部的一些州从事野生动物考察工作，并写出了《野生动物管理》。如今，利奥波德已经被公认为是野生动物管理研究的始创者。

1933年，利奥波德成为威斯康星大学农业管理系的教授，他渐渐形成了一套完整的大地生态观念和大地道德观念。1935年，他与著名的自然科学家罗伯特·马歇尔一起创建了"荒野学会"，宗旨是保护和扩大面临被侵害和被污染的荒野大地以及保护荒野上的自由生命。利奥波德担任学会主席。

1935年4月，他在威斯康星河畔一个叫"沙郡"的地方发现了一块废弃的农场，还有一座由流沙堆成的小秃山。其中唯一的一座建筑物是一个鸡棚，而且其中的一部分已陷进泥淖里了。利奥波德便把这个地方买了下来，并开始着手恢复它的生态环境。他还以"沙郡"的木屋生活经历为素材写了很多随笔，后汇编成著名的《沙乡年鉴》。这本书是他对于自然、土地和人类与土地的关系与命运的观察与思考的结晶。他在书中倡导一种开放的"土地伦理"，呼吁人们以谦恭和善良的姿态对待土地。他认为，人的道德观念是按照三个层次来发展的，最早的道德观念是处理人与人，以及人与社会的关系。这两个层次的道德观是为了协调各部落之间的竞争，从而达到共生共存的目的。但随着人类对生

环保先锋：鼓动家和实干家

存环境的认识，逐渐出现了第三个层次：人和土地的关系。但是，长期以来，人和土地的关系却是以经济为基础的，人们在习惯和传统上都把土地看做人的财产，只需维持一种特权而无需尽任何义务。奥尔多·利奥波德首次推出土地共同体这一概念，认为土地不光是土壤，它还包括气候、水、植物和动物；而土地道德则是要把人类从以土地征服者自居的角色，变成这个共同体中平等的一员和公民。它暗含着对每个成员的尊敬，也包括对这个共同体本身的尊敬，任何对土地的掠夺性行为都将带来灾难性后果。20世纪60年代开始，人们逐渐发现了潜藏在富裕生活中的各种危机——征服自然带来的环境破坏。大地伦理准则于1990年被写进美国林业工作者的伦理规范中。

《沙乡年鉴》一书，从1941年起就开始寻求出版，直到1948年4月17日，利奥波德接到一个长途电话，牛津大学出版社决定出版他的著作，他感到无比欣慰。然而仅仅一周之后，利奥波德的邻居农场发生了一场火灾，他在奔赴火场的路上，因为心脏病猝发而不幸去世，这一天是1948年4月24日。

中国"环保之父"——曲格平

曲格平，1930年6月生于山东肥城，现任全国人大常务委员会委员，全国人大环境与资源保护委员会主任委员，中华环境保护基金会理事长。

1972年，周恩来总理派出了中国政府

曲格平

全球环保大行动

代表团去参加在瑞典斯德哥尔摩召开的人类环境会议，曲格平也参加了那次会议，并改变了一生的命运。回国后，他与代表们把大会列举的环境问题与中国的环境对照，发现在很多方面中国的环境问题并不亚于资本主义国家，原来认为没有问题的领域，比如海洋、森林和天空……却在一夜之间成了大问题；原来认为只是局部的问题，却一夜之间成为全国性的、必须从发展战略和总体全局上采取措施才能解决的问题。在对会议情况进行总结时，代表们才发现，当时的中国连环境问题的科学定义都搞不清，当时中国所理解的环境问题和世界所谈论的环境问题并不一样——中国认为环境问题只是局部的工业"三废"（废水、废气、废渣）污染，而世界谈论得更多的是经济社会发展与环境、生物圈、水圈、大气圈、森林生态系统等"大环境"、"大问题"；在对环境问题严重程度的认识上，斯德哥尔摩大会也让中国人出了一身冷汗。

20世纪70年代初期的中国，人们只知道"环境卫生"和"环卫工人"，却并不知道还有"环境保护"这一概念。对环境问题进行预防和治理，到底应该怎么称呼，专家们的意见很不一致。最后，曲格平在充分听取专家意见的基础上，建议就照英文直译过来，叫"环境保护"。这是中国人在历史上第一次把"环境"和"保护"这两个看来风马牛不相及的词组合在一起。

1973年8月5日，在周恩来总理的支持下，中国首次以国务院名义召开了全国环境保护会议，从此，环境保护在中国被正式列入议事日程，中国的环保事业终于蹒跚起步了。1983年，全国

第二次环境保护工作会议召开。在这次大会上,"环境保护"被正式列为我国的一项基本国策,环保工作的重要性被提到了空前的高度。在这次会议上,"走有中国特色的环保之路"的思想以会议文件的形式确定下来了。

曲格平常说,中国的环境保护是从宣传开始的。因此他非常重视宣传,在他任国家环保总局局长的时候,就有这样的想法:通过新闻媒介,用舆论工具向破坏环境、破坏生态、浪费资源的行为宣战,让环境意识深入到各级领导和全体人民的心中。1993年,曲格平调任全国人大环境与资源委员会主任,他开始着手实施"中华环保世纪行"活动。"中华环保世纪行"活动一炮打响,抓了很多典型,在社会上引起了很大的反响,受到广大人民群众的称赞。

曲格平卓越的成就,获得一系列国际大奖。当他获得第一个奖项——联合国环境大奖后,便将10万美元奖金捐了出来,设立了中华环境保护基金,用一种新的方式投身和促进环境保护事业。

1992年6月,联合国环境与发展大会(UNCED)在巴西里约热内卢举行,曲格平荣获联合国环境大奖,这是目前世界上在环境领域里的最高荣誉。1999年,获日本国际环境奖"蓝色星球奖",是目前国际上与联合国环境大奖齐名的最高奖项之一。2007年获第三届中国发展百人奖终身成就奖。

曲格平至今从事环保事业30多年,是中国环境保护事业的主要开拓者和奠基人之一,也是中国环境保护管理机构的创建者和最初领导人之一。为我国环境科学理论的建立、环境发展战略目标和方针的制定、环境立法建设、环境大政方针和环境管理体制的建立等都做出了重大贡献,他的环保生涯见证了中国环保的发展历程,被称为中国"环保之父"。

中国首个民间环保组织创办者——梁从诫

梁从诫,1932年生于北京,1994年创建民间环保组织"自然之友"。

梁从诫

保护珍稀动物滇金丝猴是"自然之友"成立不久最鼓舞人心的一次环保事件。1995年秋,梁从诫听到了一个不好的消息:滇金丝猴的生存栖息地受到了严重威胁!

云南德钦县政府为解决财政困难,决定砍伐当地100多平方千米的原始森林。在白马雪山拍摄滇金丝猴的云南林业厅的职工奚志农听到消息后非常气愤,他为金丝猴的命运上下奔走,四处

呼吁，却毫无结果。情急之下，奚志农把滇金丝猴面临的危急处境，写信告诉了北京《大自然》杂志的主编唐锡阳。唐先生一面写信向国家环境委主任宋健反映情况，一面又把危情转告了梁从诫。

梁从诫闻讯后，马上通过"自然之友"新闻界的会员，在报纸上迅速报道传播滇金丝猴生存环境面临威胁的事实；然后，又直接向中央有关领导写信呼吁，获得了两位中央领导人的明确批示，才制止了云南德钦县对天然原始森林的砍伐。

1997～1998年，"自然之友"不断收到关于可可西里藏羚羊被猎杀的消息，同时还收到很多藏羚羊被猎杀的照片，那些触目惊心的照片牵动了梁从诫的心。他决定联合"野牦牛队"一起拯救藏羚羊。1999年5月24日，67岁高龄的梁从诫和几个"自然之友"会员登上可可西里海拔4600米的昆仑山口，在索南达杰自然保护站门前烧毁了从盗猎分子手中缴获的373张藏羚羊皮。

2002年《财富》论坛上，梁先生质问全球经济巨头："为了市场份额，让十几亿中国人都过上你们那种生活，把全世界的能源供应给中国都还不够。这不仅是中国的灾难，也是世界的灾难。你们想过要承担什么责任没有？"一切从简约开始，这是梁先生的生活轨迹：名片用废纸复印而成；从来不用一次性筷子；坚持用自行车当交通工具。一次，他骑车去政协开会，让门卫给拦住了。原来，人家从来没听说过、更没见过政协委员骑自行车来开会。

梁从诫还带领"自然之友"的成员主要做了以下一些工作：

（1）首次在中国开展了民办的群众环境教育活动，组织面向会员和公众普及环保知识的"绿色讲座"，听众超过2000人次；出版了近年来最受欢迎的环保儿童读物之一的《地球家园》。

（2）首次由民间举办中小学教师环境教育交流培训活动，并曾两次组织中小学教师到德国、荷兰就学校环境教育问题进行参观学习。

（3）首次在中国进行了"报纸环境意识调查"。连续3年，对全国主要报纸的环境报道进行了系统统计和分析，对它们的环境意识给予了科学评估。

（4）通过全国政协等渠道，向中央有关部门提出了涉及北京环境污染治理、江河源生态保护等重大环境问题的建议。

（5）首次在中国组织志愿者自费到三北地区植树，并坚持多年。

（6）为宣传保护野生鸟类的重要意义，在中国组织了第一个群众业余观鸟小组。

（7）为保护生态资源，制止大规模猎杀野生动物的恶潮，1999年组织北京多家环保团体共同发"不买、不做、不吃野味"的倡议书。

（8）与国外环保组织和传媒进行大量交流，宣传中国的环境政策和民间的环保活动。

中国大学生绿色营创始人——唐锡阳

唐锡阳，1930年生于湖南汨罗。国家环境使者、著名环保作

环保先锋：鼓动家和实干家

家、民间环保组织"大学生绿色营"创始人。

1952年，唐锡阳毕业于北京师范大学外语系，分配到北京日报，任编辑、记者。1980年调北京自然博物馆创办《大自然》杂志，任主编。此后考察全国各种类型的自然保护区，在报刊上发表了大量有关自然保护的文章，并出版了专著《自然保护区探胜》。该书1987年获全国地理科普读物优秀奖，被列为向全国青少年推荐的书目；其中《又有五只朱鹮起飞了》还获得第二届全国优秀科普作品奖。以后又相继出版了蒙古文本《天鹅之歌》和在台湾出版的《珍禽异兽跟踪记》。

唐锡阳

1982年，唐锡阳在西双版纳考察亚洲象的时候，结识了美籍文教专家马霞，共同的理想使他们结合了，并开始了为自然保护事业而奋斗的共同生活。

1996年两人发起和组织"大学生绿色营"，7月25日，就在大学生绿色营出发去云南拯救濒临绝种的滇金丝猴那天，马霞患食道癌去世了，唐锡阳带着马霞的叮嘱和祝福，带领绿色营的成员们怀着悲痛的心情远赴滇西北。他们在云南德钦县展开了一个多月的调查，在宋健和"自然之友"以及各界人士的支持下，最终保住了这片原始森林和白马雪山上的滇金丝猴。由于第一届大学生绿色营取得了很大成功，不仅保住了原始森林及林中的滇金

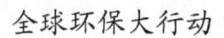

丝猴，更重要的是唐锡阳和绿色营找到了大学生参与环保的一种模式。于是，大学生绿色营从1996年以后一届一届地延续了下来。绿色营每年组织一次，每年选拔一批关注环保的大学生，每年选择一个环保焦点话题，每年选择一个有典型意义的地方，以实地调查的形式对该问题进行深入考察。活动结束后，绿色营会以考察文集、录像作品、摄影展览和考察报告会的形式总结和展示考察成果，唤起人们对自然保护的更多关注。20多年来，唐锡阳除了组织绿色营的成员去考察外，还积极为环保事业疾呼呐喊，发表了数百万字的环保作品。虽然他现在已年过古稀，仍然通过著书、绿色营活动、各地巡回演讲，向公众传播环保理念。

　　唐锡阳从生态的角度反思人类文明，他说："文明只是对人类而言；对自然而言，可能就是破坏，就是野蛮！"唐锡阳把自己20多年路途行进中的思索，凝结成16个字："物我同舟，天人共泰，尊重历史，还我自然"。他把这16个字，称作自己的自然观。从这16个字出发，唐锡阳整理出自己绿色文化的基本理念，他用最简单的语言总结出："用大自然的观点，用生态的观点去看问题。"唐锡阳被誉为中国第一代环保活动家，也是创始人之一。

公众人物：
环保事业的宣传大使

近年来，随着世界范围内兴起环保热潮，明星与环保之间的关系越发紧密起来，明星中大喊"环保"口号的不少，这是一个可喜的现象，但停留在口头上的不少，哗众取宠者、作秀者大有人在，明星宣传环保到底是做实事还是做秀成为一个热门话题。尽管如此，我们不得不承认有一部分明星和公众人物确实意识到环保是一份责任，需要每个人去身体力行，为环保做实事的明星大有人在。另一方面，公众人物受人关注，大家通过对公众人物的关注而对环保更加关注，但公众人物也是人，他们在得到更多称谓的同时，也意味着他们身上背负的社会责任更大了。他们的言行是受到舆论监督的，得到环保头衔之后，一旦他们做不到，甚至做得不好都会受到舆论的压力，所以希望大家把公众人物也看成生活中的普通人，他们也有自己的缺点，但是如果他们有这种意识并付诸努力也是可以理解的。

全球环保大行动

公众人物通过自己的影响力向公众宣扬环保，也因为宣扬环保而获得爱戴。公众人物和环保，也可以相得益彰。我们在此选编了一些公众人物参与环保事业的例子，应该看到，公众人物及娱乐界的明星们用自己的行动，靠自己的宣传和呼吁，带动着人们投身到环保事业中去，由于他们是公众人物，具有明星效应，其带头作用不容小视，产生的影响也比较大。他们的努力应该得到认可。

环保王子——查尔斯

2007年1月，查尔斯乘坐私人飞机前往费城，作为一名环境保护论者，从美国前副总统戈尔那里摘得环保奖励。但是，那次的飞行制造了20吨二氧化碳。环保组织"飞机傻瓜"的发言人曾讽刺他说，查尔斯王子谈论全球变暖是人类面临的最大威胁，但他"显然没有付诸行动，只是夸夸其谈。如果他果真关心气候变化，他需要飞得更少。"

随后查尔斯用实际行动反驳那些批判者。1月21日在"世界未来能源峰会"召开之前，查尔斯和他的助手们将不再乘飞机飞越1万多千米前往阿布扎比，而是以一种全息图的形式出现在会场，并进行5分钟的讲话。他这样做可以比乘飞机前往会场少制造了至少15吨二氧化碳。

查尔斯利用的这种技术名叫"重像"技术。视频放映机将在地面上打出一束查尔斯的影像，然后将这个影像反射到一个极薄的铂金片上，创造出一个幻像。这样查尔斯就成为一个三维图像

公众人物：环保事业的宣传大使

出现在舞台上。届时，查尔斯将被看见站立在那里，穿着淡彩色服装进行演讲，做着各种手势，并在舞台上走来走去。因为如果他穿黑色的衣服，人们只能看到他的头。查尔斯经常使用视频信息，但这是他第一次以全息图的形式出现。

英国查尔斯王子曾经因为对着植物说话而被称为怪人，而今却摇身一变，成为一个闻名遐迩的环保英雄。一直以来，查尔斯对有机农业和可持续发展充满热情，兴致勃勃地探求改善"建筑环境"的各种办法，甚至毫不留情地谴责转基因食品。查尔斯对有机食品等环保话题的关注最终令他赢得了无数的支持者，并令有机食品这个话题进入公众视野。

查尔斯王子把自己18世纪的海格罗夫庄园改造成"环保电源"，利用可持续的能源发电。庄园里有太阳能电池板提供暖气和热水，用木柴加热的锅炉，双层隔热的窗户和生态绝缘装置。庄园里有带围墙的菜园，在自我循环的基础上终年供给水果和蔬菜。里面甚至还有芦苇制作的排污系统处理废物，固体物质回收再利用作肥料，液体污水被重新净化为清洁的饮用水。相同的举措也在伯克豪尔宫——王子在苏格兰的家——施行。他在伦敦的家——克拉伦斯宫和相邻的圣詹姆斯宫也正在采取步骤，如使用节能灯泡，电灯和家电不用时关闭。

每年，查尔斯王子都会在自己的农场上秀一下他的环保新动向。比如他的有机厨房。他厨房内的所有食材，都是有机农场中种植出来的，蔬菜瓜果无所不有。王子甚至还兴致勃勃地写了一本有机食谱。民众若想知道这位有机王子又研究了什么特色王室

全球环保大行动

查尔斯在自己的庄园外开了一家
小店，专卖自家出产的有机蔬菜

菜谱，到书店买一本就是。菜谱以四季来分类，食物原料当然都是查尔斯推崇的有机蔬菜和水果。看看查尔斯王子都给自己的特色菜取了什么名字：王子鸡翅、女王烧烤、卡米拉通心粉。查尔斯王子英国式的幽默一览无遗。每年都有多达3万人来到查尔斯王子的有机农场参观。你也想成为他们中的一员吗？很简单，只要写信到庄园的管理员，当报名者满25人，管理员就会组织报名参观者在4~10月间游览王子的有机农场。不过不能带相机，因为在王子的试验田内严禁拍照。

查尔斯还有一个新计划——给产品标注上二氧化碳排放值。他说："这是我个人的小小尝试，以便精确衡量我们的活动带来的更大范围的社会和环境代价。"如果一罐汤能标出卡路里，那

么为什么不能标出把这个罐头推向市场过程中所耗费的环境代价呢？一件产品飞越半个世界所排放的二氧化碳，比用卡车沿公路运送到城镇要多得多。为什么不把这些都加以量化标在标签上呢？公司可以就最低环保代价展开竞争，消费者能够做出更有环保意义的购物选择，那些环境代价最低的产品应该被给予它们应有的市场价值。

作为一个环保王子，查尔斯受到媒体的密切关注。当他计划去王室每年一度的滑雪胜地度假时，也被媒体视为放任行为。因此，在媒体日益增大的嘟囔声中，查尔斯取消了度假，待在家里减少二氧化碳排放。这成为路透社当天向世界播发的新闻。从某种意义上来说，这是查尔斯王子为环保事业做出的又一份贡献。

当不了总统，就当环保人——戈尔

2007年10月12日，瑞典皇家科学院诺贝尔奖委员会宣布将2007年度诺贝尔和平奖授予美国前副总统戈尔与IPCC（联合国政府间气候变化专门委员会），因为两者"为确立和传播人类活动引起气候变化的更多知识做出努力，进而为采取抵消这类变化的措施奠定了基础"。12月10日在奥斯陆举行了颁奖仪式。挪威诺贝尔委员会主席姆乔斯感谢联合国政府间气候变化专门委员会和戈尔为唤醒人们对气候变化的关注所作出的努力，并分别向该组织和戈尔颁发了诺贝尔和平奖证书、金质奖章和1000万瑞典克朗（约合153万美元）的奖金。

戈尔于1948年出生，曾出任美国克林顿政府的副总统，

全球环保大行动

2001年1月20日结束任期离职。自从2000年竞选总统失利后,戈尔一直致力于环保事业。59岁的戈尔是一位坚定的环保主义者,在白宫任职期间,他积极推动克林顿签署《京都议定书》。离职后的戈尔仍然周游列国宣传环保观念。

戈尔

戈尔最初是在哈佛大学上学时认识到了全球变暖问题。1977年在国会取得一席之地后,他开始向公众宣传全球变暖的危害。在1988年竞争民主党总统提名时,戈尔甚至把全球变暖问题作为竞选纲领中的重要部分,但是在当时,公众在全球变暖上的危机意识非常薄弱,戈尔的对手也嘲笑他的环保理念。1992年戈尔参加总统大选时谈及"温室效应",被政敌老布什嘲笑为"臭氧人"、"完全脱离美国的生活实际"。而在共和党1994年取得国会参众两院多数议席后,汽车燃料里程标准、发展可持续能源等方面的提案想在国会通过,几乎成了不可能的任务。民主党高层也对戈尔的环保热情不以为然。当南极洲上空的臭氧空洞日益扩

公众人物：环保事业的宣传大使

大，当喜马拉雅主峰的景观因冰川消融而发生改变，当全球海平面不断上升威胁到太平洋小岛上的原住民的生活时，全球变暖的现实正不断地向世界敲响警钟。为了21世纪的地球免受气候变暖的威胁，1997年12月，149个国家和地区的代表在日本东京召开《联合国气候变化框架公约》缔约方第三次会议，会议通过了旨在限制发达国家温室气体排放量以抑制全球变暖的《京都议定书》。《京都议定书》使戈尔与民主党内部的冲突达到顶峰。

在《京都议定书》的谈判眼看要因为美国的抵制而破裂时，戈尔亲自飞往京都，显示美国方面的支持。他的到场促成了谈判的成功，他的努力也遭到民主党人的抨击。尽管戈尔最终劝说克林顿签署了该协议，但协议并没有送到国会去批准。对戈尔来说，这是一生中的最大憾事。2000年，戈尔在与布什的大选对决中落败，他相信自己有可能因为号召限制煤炭发电而丢失了西弗吉尼亚和肯塔基两州的选票。但竞选的失败使戈尔摆脱政治的束缚，他终于可以选择自己热衷的环保作为终生的事业。

戈尔的另一项"环保大手笔"是投资并参与拍摄纪录片《难以忽视的真相》。在影片中，戈尔一改过去刻板的政治外表和略显木讷的个性，以地球村普通公民的身份向人们展示全球变暖的危害。全球变暖的证据在2005年开始明显显现。摧毁新奥尔良的"卡特里娜"飓风以及当年夏季的持续高温，开始让人们感觉到了大自然的破坏力。而戈尔以在野之身，不仅快速积累着财富，也继续着他的环保历程。这一年，他遇到喜剧制片人劳瑞·戴维，同是环保积极分子的戴维将戈尔介绍给了好莱坞。好莱坞

全球环保大行动

的制片人感觉到戈尔对于环保的激情，相信戈尔能把全球变暖这个复杂的科学现象解释给普通观众。《难以忽视的真相》在2006年夏天开始摄制，并在2007年1月的圣丹斯电影节上首映。影片包括了很多数据、冰河融化的照片以及根据大气中二氧化碳的含量高低与温度变化之间关系做成的图表。影片做到了既有教育意义，又能够有娱乐性，同时还有启迪意义。这部纪录片当中最令人担忧的一部分就是有关未来的描述，戈尔说，如果污染的速度继续下去，二氧化碳的水平就会在几十年之内达到令人震惊的

戈尔为全球变暖写的书，曾是《纽约时报》畅销书

地步。其结果是：融化的冰川有可能使得海洋的水流变更河道，从而在欧洲形成一个新的冰河时代以及引发洪水，导致现在的海岸被淹没，数千万人沦为难民。该片赢得了仅次于《华氏911》和《帝企鹅日记》两部纪录片的票房价值，一举夺得2007年的

奥斯卡"最佳纪录片"大奖。戈尔说：这部影片并没有政治上的企图，全球变暖是一个道义、非党派的问题。影片获得的高票房和好评，令戈尔名利双收。气象学家对戈尔的电影亦赞赏有加。有媒体调查了100多名气象学家，19名看过该片的专家回复说，戈尔准确地解释了科学信息，这个世界确实越来越热。影片热播后，戈尔成为非政府组织"气候保护联盟"的主席，他开始考虑新的策略——如何让更多人更深地了解全球变暖问题。

戈尔曾经说过，他找到了一种更纯粹也更有激情的方式去为民众效力。有意思的是，2008年美国《芝加哥论坛报》推出"八大不环保名人"的评选，被称作"环保先锋"的戈尔赫然名列其中，原因在于他环保方面的"不检点"，因为在不足1年时间内，戈尔一家共计用掉19.1万度电，而他所在市的一般家庭每年平均用电约为1.56万度。消息曝光后，戈尔备受质疑。

好莱坞明星的环保桂冠——娜塔丽

2009年2月，好莱坞才女娜塔丽·波特曼被一家环保网站评为最环保的明星。娜塔丽·波特曼，1981年6月9日生于以色列耶路撒冷，3岁后随全家搬到纽约。她有一个幸福的家庭，母亲是艺术家，父亲是名医生。11岁时的某一天，她在长岛的大街上闲逛的时候，一个星探看中了她，当时星探给她的定位是收入很高的模特，但娜塔丽却沉吟道，自己想当一名演员。

星探把她推荐给导演吕克贝松。吕克贝松当时正在为即将开镜的《这个杀手不太冷》招聘女主角。虽说娜塔莉当时年龄太小，但最后她还是幸运地赢得了这个角色。结果从未涉足表演的她自此一鸣惊人，开始了一边读书一边拍戏的生涯。在好莱坞，她是一个前途无量的才女，而在哈佛大学心理系，她是最惹人注目的学生。

接下来1995年她在麦克尔曼的《盗火线》中做了艾尔帕西诺的继女，1996年在《火星人攻击地球》中出演杰克尼科尔森的女儿。同年她又出现在伍迪·艾伦的音乐喜剧《人人都说我爱你》里，她在剧中的轻松表演赢得了观众的喜爱。世纪末娜塔丽出演了她最为广泛议论的角色——在风靡全球的乔治卢卡斯的《星球大战前传：幽灵的威胁》中饰演高贵而美丽的阿米达拉女王。

娜塔丽·波特曼

从最初站在镁光灯下到今天，昔日的女孩如今已长大，纯真依旧，但是却多了份成熟女人的自信与风情。娜塔丽正用自己的实际行动向世界证明——她是好莱坞新一代演员中最具实力、最有前途的女星。

对于她为什么夺得环保明星桂冠，网站发言人盛赞她一直致力于各项环保活动，如拯救卢旺达的大猩猩、为节能灯泡代言，以及为素食主义者设计"环保高跟鞋"等。27岁的波特曼本人也是一名严格的素食主义者。

公众人物：环保事业的宣传大使

相比之下，也有一些大牌明星上了"环保黑名单"，如足坛万人迷大卫·贝克汉姆就被指每年都要频繁搭乘飞机；英国模特出身的女星伊丽莎白·赫利去年在印度办婚礼时，邀请了250名客人坐飞机来赴宴；乐坛"辣妹"组合在重聚期间举办世界巡演时也大张旗鼓地出动私人喷气式飞机。这些过于铺张的"空中飞人"被评为最不懂环保的明星。

波特曼小时候一直想长大之后能当兽医，所以她8岁就开始吃素，成为严格的素食主义者。她为素食主义者设计了一款高跟鞋。这款鞋子不是用动物皮革制成，而是用一种特殊材料制成。这款鞋子的全部收益的5%将会被用于慈善。

2007年6月，娜塔丽·波特曼飞抵非洲国家卢旺达参加保育计划，为当地面临绝种的初生大猩猩起名，宣扬保护濒临绝种动物的信息。

现时全球只有大约700只大猩猩，超过一半生活在卢旺达和刚果，但当地经常爆发战事，严重影响大猩猩的生活。为了保护世上仅存的大猩猩，波特曼特别联同几位艺人前往卢旺达野生公园，为23只面临绝种的初生大猩猩改名，提高各界对环境以及动物的保育意识。波特曼将一只初生大猩猩取名为"Ahazaza"，意思是未来。

娜塔丽身上的光芒很耀眼，这是因为，她既是好莱坞明星，又是一个环保人士。

全球环保大行动

跟着巨人去环保——姚明

即使从功利角度看,在环保越来越被关注的大背景下,明星贴上环保标签,意味着他获得的关注和好感增多。而且,这比去拍一部让人喜欢的影视剧要更容易、更有效。反过来,明星与环保结合得越好越自然,他所影响的人群对环保的接受程度也会深。姚明的"粉丝"们也在论坛里发起了"响应姚明号召,没有买卖就没有杀戮"的行动。自从担任联合国的环保大使后,姚明一直在保护环境方面尽自己最大的努力。他对环境保护的热衷得到了联合国环境规划署的肯定——2008年,姚明成为联合国环境规划署(简称UNEP)的首位环保冠军。

对于姚明在环保方面做出的种种不懈努力,我们并不陌生,从姚明向全世界宣布"今后,我本人在任何时间、任何情况下都拒绝食用鱼翅。为了我们的未来,请和我一起来保护濒临灭绝的野生动物",到在浙江拍摄婚纱照时关注景区的可持续发展,从姚明成为联合国环境卫士之后发出"我将和世界上其他国家的年轻人一起努力,倡导他们种树,使用节能灯,收集雨水,让他们也成为自己社区的环境卫士",到姚明入住奥运村时不乱扔手里的矿泉水瓶,姚明对于环保的亲力亲为,令人尊敬。姚明在世界上能够获首位环保冠军,这是对奥林匹克现代精神实质的最生动阐释。现代奥林匹克运动更强调体育对于环境的干预和改善,更关注绿色体育在民间的发展,如果说体育改变生活,那么没有体育对于环境的促进和改善更有紧迫的意义,从这点上说,姚明的

公众人物：环保事业的宣传大使

明星效应的影响内涵将会因为环保元素的嵌入而更富有社会文明的进步意义。

姚明热心公益事业，堪称年轻人表率

在国内，姚明身上有很多非体育的荣誉光环，"全国十大杰出青年"，"感动中国十大人物"，"全国劳动模范"等等，在国外，姚明是美国 NBA 的著名中锋，是有名的广告人，更是国际体育巨星，姚明获首位环保冠军让这些国内外的荣誉含金量更高，更具道德和社会美感，更有多样性的教化意义，在国内外更有榜样说服力。无论是演艺还是体育，做一位明星也许不难，但是要做一位热心社会环保等公益事业的明星很难，因为一旦有了环保承诺，树立了环保意识，就要时时处处约束自己，检点自己的言行，就要放弃生活中很多的物质享受，这对于对生活和社会没有睿智认识的明星来说是很困难的事情，姚明愿意这样做，所

以他不仅是体育的一面镜子，不仅是如何当明星的镜子，更是做人的一面镜子。如果更多的明星都能够像姚明那样热爱环保，重视环保，践行环保，那么更多青少年的追星过程将因此变得更理性起来，更高尚起来，更文明起来，像姚明这样的复合型明星也就更值得去追，去模仿。

　　一个优秀的体育明星，将是千百万青少年的偶像，他的一言一行，甚至会影响到一代人的成长。毫无疑问，姚明就是这样一位偶像。过去的几年里，姚明一直试图通过自己的影响力，向更多的青少年传递环保意识等方面正面的教育，他也一直努力着让自己做得更好。在北京奥运会期间，媒体曾报道的一个细节，更让人们见识到姚明环保的"严谨"。2008年7月27日上午，北京的天气异常闷热，在奥运村开村仪式现场，每个人都觉得热得难受。不过，奥运村工作人员的服务还是非常到位，他们不停地为代表团的成员以及媒体记者提供着瓶装矿泉水，帮助大家解暑。闷热的天气下，谁都不会少喝水，姚明自然也不例外，短短的几十分钟开村仪式，姚明一个人就"招呼"了两瓶矿泉水。还没等到仪式结束，媒体记者们早早就等在了姚明可能出现的各个路线上，准备"围追堵截"这位大明星。姚明显然早就了解了记者们的套路，离开仪式现场的时候，在前队友郭士强的掩护下，他一言不发，只是闷头往前走，无论身旁境内境外的记者向他问什么样的问题，都是紧闭嘴巴。可人群还是太挤了！"当啷！"一声，姚明手里似乎有什么东西被拥挤的人群碰掉在了地上。姚明挣扎了两下，才有点费劲地弯腰从地上捡起掉下的东西，这时记者才

公众人物：环保事业的宣传大使

发现，被他捡起的是一个空的矿泉水瓶，而他的手里还握着另外一个空的矿泉水瓶。就这样，姚明一直拿着两个空矿泉水瓶摆脱记者们的追逐，然后找到路边的一个垃圾箱，将水瓶扔了进去。

过后几天，当姚明在奥运赛场上拼搏时，还有人发现了更感人的一幕，有人在北京拥挤的地铁里发现一对身躯高大的夫妇，他俩正是姚明的父母，赶地铁去球场看姚明的比赛，问他们为什么不打车去球场，姚明是文体界的首富，每天的收入几乎都可以买一辆车了，为什么大热天还来挤地铁呢？他们的朋友解释说，"哎，他们就是这样，生活观念形成了，经常这样，他们也喜欢环保，喜欢低调。"这件小事让人感受到，姚明的环保态度是从小养成的，他是真正具有环保精神的明星。

姚明的父母在北京奥运期间挤地铁看比赛

"绿色奥运"是北京奥运的主题之一，作为千百万青少年的偶像，姚明就是在这样一种很自然的状态下，履行着自己对于这

· 165 ·

一主题的承诺。从这些小事可以看出,中国巨人现在不仅仅是体育界的明星、中国人的骄傲,也是公众眼中青少年值得学习的榜样,堪称年轻人表率。

低碳生活榜样——周迅

2009年4月21日,周迅迎来了她的第一个"绿色生日"。2008年4月,周迅被联合国开发计划署(UNDP)任命为中国首位亲善大使,致力于推动环境的可持续发展,并在仪式中共同启动了"OUR PART 我们的贡献"环境意识推广项目。

在周迅的环保世界里,她的成长是有目共睹的。2008年,还被联合国驻华代表马和励在任命仪式上以环保新人姿态介绍给大家的周迅,在一年后的3月9日,已经可以坚实地站在环保的大舞台上,通过自身的影响力,召开新闻发布会。宣布通过购树抵碳的方式将自己2008全年因飞行而产生的二氧化碳进行碳补偿,抵消自己的碳排放。周迅这一举动不仅使其成为国内低碳生活明星第一人,更引领了一种全新的绿色生活形态。

2008年,周迅更是演艺、环保双丰收。不仅以《李米的猜想》、《画皮》、《女人不坏》三部电影连放的形式,制造出2008周迅电影季。更以奥运期间"绿色出行三部曲",为自己的环保之路开了个好头。2008年7月10日,作为环保先锋,周迅在单双号限行到来之前与数十位记者共同体验公共交通的便捷与环保。在车上,她与美国环保协会张建宇博士及媒体记者共同探讨环保问题的解决方案。通过计算,此次搭乘公交车的行为共减排

二氧化碳 50 千克。16 日，周迅又与几位热衷环保的明星一同参与横穿北京不开车活动，从天坛到鸟巢，体验步行、地铁、出租车、公交车和自行车 5 种交通方式出行。17 日，周迅亮相未开通的地铁 10 号线拍摄宣传片，推广绿色出行。相信，周迅这样持续 3 天不知疲惫、不遗余力的大力宣传，一定能让更多的人了解到环保在生活中无处不环保这一理念。2008 年 6 月，周迅率先推出"我们的贡献 10 条环保小贴士"，集合生活中 10 条可做易行的环保心得，通过出任 TIMEOUT 杂志客座主编和中国国际广播电台轻松调频双管道向公众大力推广，不遗余力地将自己的环保心得及绿色倡议书与读者们分享。

在平时的生活中，一有机会，周迅就会向身边的亲友宣传环保理念。歌手组合 BOBO 就曾经"被周迅姐告知要使用环保筷子，不要用一次性水杯"。而由周迅发起的征集环保活动标志图案，也得到了公众的积极响应。

大部分时候，周迅的倡议都能得到大家的理解和支持，因为很多生活里的环保小细节确实是通过举手之劳可以做到的。但是也有不那么顺利的时候。2007 年她在云南拍摄《李米的猜想》的时候，曾经倡导过所有的剧组工作人员尽量减少使用一次性餐具，周迅让助手买了很多餐盒，还请了一位阿姨帮他们洗所有的餐具；另外她还建议工作人员都在自己使用过的矿泉水瓶上写自己的名字，这样可以重复使用，减少浪费。这本来是一件非常好的事，但是周迅也很郁闷。因为在剧组建议制片部门不用一次性餐具，这样确实增加了剧组的开支和许多麻烦，她买来的餐盒和

全球环保大行动

筷子经常被弄丢了,许多人认为洗不干净不愿使用。这让周迅觉得很尴尬。但她说:"遇到挫折的时候我也会灰心,会难受,我一直信奉'顺其自然',但有的东西我必须坚持。"

2008年7月,周迅的环保努力就已获得国际认可。新加坡花园节组委会与新加坡兰花协会共同命名一款新品种兰花为"周迅石斛兰",从此"周迅兰"将在新加坡长期展示,且为独一无二的非卖品。这个荣耀每两年只有一人可以获得。周迅是因《如果·爱》等电影成就,以及积极以联合国开发计划署大使推广环保,获得主办单位的青睐,让她成为中国首位

周迅常以环保形象面对世人

获得这项殊荣的女性。2008年6月,周迅出席由中央人民广播电台和日本TBS商业电台联合发起的"亚洲熄灯两小时节能行动"。在活动现场,她与亚洲近百家电台的力量汇聚在一起,用同一个声音发出强烈呼吁"向地球致敬——熄灯两小时共同倡导节能环保!"在2009年影视颁奖盛典的舞台上,周迅更兴奋表示:自去年6月我和我的团队参与了亚洲熄灯两小时节能活动后,我看到"全球熄灯一小时"这个活动在今年有了更大范围的展开。她难掩激动之情,特别呼吁台下所有的影视同行能够成为"我们的贡献"的合作伙伴,努力让每一个地球公民心中都种下一粒绿色的种子,赢得了台下一片掌声。

公众人物：环保事业的宣传大使

2009年3月，周迅以其2008年对环保事业的突出贡献及演艺事业的卓越成绩，得到了众多网民的投票，被评委会评为"中国职场女性榜样"。周迅以一袭宝蓝色中式刺绣旗袍亮相颁奖现场，这身装扮与2008年周迅在香港《女人不坏》电影首映时是同一件衣服。与很多明星一套衣服只穿一次的习惯相比，此举再次显示了周迅的环保观念。

为了环境　改变自己——王力宏

歌手王力宏2007年推出一张新专辑《改变自己》，让人出乎意料的是，这张专辑的主题就是环保，专辑的成品包装也非常简单，放弃使用塑料底盘，订制了一批环保筷子随专辑附赠。

别急，还有意外在等着您——王力宏在这张专辑里的造型玩起了张扬十足的个性，这会不会有点不太协调？王力宏解释说："我就是希望大家能突破这个固有观念，不要以为公益的东西都是非常严肃的，其实在国外的很多摇滚歌手，他们在舞台上都很张扬，造型也很古怪，但现实中，他们很多都是环保倡议者，甚至有的还是国际环保组织的代言人，其实这两者并无冲突。"

在《改变自己》这首歌里，力宏提到了全世界都在关注的环保议题。他从生活里出发："今早起床了，觉得头有点痛。可能是二氧化碳太多，氧气不够"，轻轻点出目前二氧化碳过量、全球暖化的问题。

王力宏是国内娱乐界的环保活跃人物，他的身影出现在无数环保公益活动之中。为环保筹集善款，王力宏身体力行带头种树；为响应节能减排，他首当其冲率领万民群众参加无车日骑行活动；甚至他的新专辑《改变自己》，从头到尾都是他的个人环保宣言。用他自己的话说："能够把宣传服义卖的所得拿去种树，减少二氧化碳的增加，为我们生活的这个世界尽一份力是非常重要的！而且我也希望更多的人能够行动起来，为改善环境而努力。"

王力宏骑自行车必戴安全帽，车上挂着自制的环保购物袋

以下是《改变自己》专辑中附注的"抢救地球，刻不容缓，十件你可以身体力行的事情"：

1. 换上省电灯泡

请立即换上省电灯泡，每年可减少 150 磅（1 磅＝0.454 千克）的二氧化碳产生。

2. 避免开车

多走路、骑脚踏车有益人体健康，也可以大众运输系统为交通工具或实行客车共乘，每辆车少开 1 英里（1 英里＝1.61 千米），可避免 1 磅的废气产生。

3. 资源回收

定时整理回收家里的废弃物，每年可减少 2400 磅的二氧化碳产生。

4. 定期汽车保养

随时保持轮胎正常胎压，可提升汽油使用效能多行驶 3% 里程，每节省 1 加仑（1 加仑＝4.55 升）汽油，可减少 20 磅的二氧化碳产生。

5. 节约用水

冷水加热需耗费极大的热能，若能使用冷温水洗涤衣物，每年可避免 500 磅的二氧化碳产生。请改用省水莲蓬头，每年可减少 350 磅的二氧化碳产生。

6. 抵制过度包装礼品

每人每户若能减少 10% 的垃圾量，每年可减少 1200 磅的二氧化碳产生。

7. 设定室内恒温器

冬天时，请自动将恒温器向下调 2℃，夏天时请往上调 2℃，

每年可避免约 2000 磅的二氧化碳产生。

8. 种一棵树

一棵树一生可吸收约 1 吨的二氧化碳。

9. 随手关闭电源

随手将使用完毕的电视、DVD 播放器、音响、电脑等电器用品电源关上，每年可减少约 1000 磅的二氧化碳产生。

10. 保护地球人人有责

敬邀大家加入爱护地球的行列！

普通民众：
书写自己的环保故事

当全球环保呼声愈发高涨时，我们每个人也意识到了自己是环境保护的责任人，搞好了环保，我们就是最大的受益者！

不要误以为环保仅是政府和环保组织的事情，政府作为一个管理者，主要起裁判的作用，而我们大家就是一个个运动员，才是主角；不要误以为环保对你个人不重要，或者说你可以置身事外，其实我们作为现代社会整体之一分子，没有一个世外桃源可以供你一个人与世隔绝般生活；不要误以为你一个人的力量很小，不足以推动环保、改变现状。如果人人参与，众志也能成城，每个家庭每月节约 1 度电是很容易做到的事情，大家都行动起来的话，全国几亿家庭，一个月就可以节省几亿度电，相当于几个发电厂？不要误以为自己钱多就可以不讲环保了，诚然，财富是你自己的，而环境资源却是大家的，你正占用消耗着属于大家的有限的公共资源。

全球环保大行动

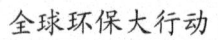

环保领域没有什么救世主，最好的办法是靠我们大家自救。从我做起，从身边小事做起，每个人都可以成为环保人，每个人都可能书写自己的环保故事。

以下选编了一些普通人的环保故事，他们有的是农民，有的是学生，有的是小企业家或普通职员，但他们都关心着环境的安危，积极参与环保事业，通过坚持和努力，最终写下一段属于普通人的环保传奇。

"当代愚公"——李双良

李双良，生于1923年9月，山西省忻州市解原乡北赵村人。1983年，在即将退休之际，李双良不要国家投资一分钱，承包治理了一座在太原钢铁公司（以下简称太钢）堆积了半个世纪、占地约2平方千米、最高处达23米、体积约1000万立方米的大渣山，为治理环境造福子孙后代做出了巨大的贡献，被誉为"当代愚公"。

李双良的铜像

太钢是以生产特殊钢为主的联合企业。它始建于1934年，是我国重点钢铁企业之一。然而，太钢排出的废渣到了20世纪70年代已经形成了一座名副其实的渣山，并以50吨/年的速度增长着。80年代初，渣山扩展到2平方千米，平均高13米，最高处达23米。在不少部位，火车头拉不动渣车，3节的运渣车要用一个车头牵引，一个车头推拥。在它的周围，紧连着工厂及居民区，再倒下去就要侵吞四邻了。每天倒渣的时候，都要溅起滚滚的烟尘；尤其到冬季，西北风一刮，裹着有毒物质的渣粉灰尘遮天蔽日，阴沉沉地笼罩着太原。最令人担忧的是：要生产，就要排渣，愈是高效率的生产，愈要大量地排渣；渣排不出去，就难以生产，作为全国重点钢铁企业之一的太钢就有因无处排渣而瘫痪的危险！太钢的领导更是心急如焚。

在改革开放初期，太钢年产量已突破百万吨，渣山急剧增长，时间和资金两大难题让太钢治理渣山无从下手，甚至连专家、学者都感到头痛。

1983年春节，即将退休的李双良找到太钢总调度李洪保提出了他承包渣山的方案，方案阐明了"以渣养渣，以渣治渣，综合利用"的方法，并提出了不要国家一分钱投资，7年搬走渣山的设想。这年，李双良已经61岁了。其实在他决定承包治理渣山之前，就和儿子带着皮尺到渣山测量，结果令人惊讶：渣山体积约1000万立方米，重约1200万吨。如果每天用4台解放牌卡车运输，单程10千米，每天运4趟，要13年才能运完。但结果也令人兴奋：每10吨钢渣中约含废钢铁500多千克，还有大量废

全球环保大行动

电极、废镁砖、废有色金属等可利用物资。整个渣山的有用物资，价值估计在 4000 万元以上。李双良的脑袋里逐步形成了一个战斗方案：以渣治渣，以渣养渣。

1983 年 4 月 20 日，李双良的治渣方案得到了太钢领导的肯定和支持，并与太钢签定了治理渣山的承包合同，李双良全面负责整个治渣工作。

1983 年 5 月 1 日，劳动节这天，李双良带着 600 多号人，数百辆车和拖拉机开上了渣山。运出的钢渣被倒在太原东山大槐沟里。可是大槐沟很快就填满了，没有填埋废渣的地方了。李双良便骑着自行车四处寻找废渣的回填坑。他找到盖房的、修路的就对人家说，废渣当回填料结实、耐压，不怕腐蚀，我们可以免费提供废钢渣。就这样，他为治理渣山的每一个细小的环节操劳着。

李双良开挖渣山进入了筛选、分类和开发利用的阶段。可是由于机械设备的落后和缺乏，严重拖延了工程的进度。筛选钢渣和提高效率是个矛盾，如何解决这个矛盾让李双良每天都在琢磨着。后来他终于想到了一个办法，他找来一大堆废钢铁和工友商量做几只能装 60 吨废渣的大漏斗，他和大伙没日没夜地干了 30 多天，4 个大漏斗终于做成了，总共只花了 700 元钱。从那以后，用漏斗装车的效率比以前高出 9 倍，一年光装车费就节省了 36 万元。

一次偶然的机会，李双良在北京某钢铁厂参观时发现了一种叫磁选机的设备。听人家介绍说这种机器筛选中小废钢铁的效率

很高。可是买一台磁选机得花 10 多万元，于是，他从北京回太钢时带回了几个大磁滚。最后他和工友们开动脑筋装成了 4 台双滚磁选机，并加工出几百个手携式磁选棒。这样，每年除了多回收小块废钢 6000 吨，增收 72 万元外，还把拣出的碎块小铁铸造成铁，每年可生产 4000 吨，又可收入 40 万元。

随着渣山一天天变矮变小，在治渣第四年的春天，一天早晨太原刮起了大风，太钢的渣尘飞扬，呛得人喘不过气来。李双良急忙跑到棚里揉眼睛，他靠着工棚的墙抓了把废渣，往上一扬，发现墙体能挡住渣尘，于是他便把想法跟大家说了一下，最后大家决定修一道梯体状的护坡墙。可是修墙的方砖按 60 万块算的话需要 150 多万元。为了节省成本，李双良找到两个泥瓦工，用一袋水泥、沙子和废渣做了 6 块方块，并且自己做的方砖承压力比买回来的砖还要好，成本也低，60 万块方砖修筑护坡能节约七八十万。这套施工方案赢得了上级领导的肯定和支持，经过几个月的努力，一座高 13 米、宽 20 米、长 2500 米的防尘护坡终于建成了，太原的渣尘再也不会刮到外面去了。最后这个工程还赚了 28 万元。为了把护坡美化得漂亮点，李双良又把酷爱植树造林和养花种草的退休干部、原陆锤工段党支部书记舒心请来，专门负责渣场的绿化和美化工作。几年时间下来，渣场的里里外外，防尘护坡的上上下下都被花草树木覆盖。

1988 年，联合国环境规划署把李双良列入《保护及改善环境卓越成果全球 500 佳》名录，并发给李双良"全球 500 佳"金质奖章。

全球环保大行动

2008年，耄耋之年的李双良携全家游渣场公园

从1983年到1995年底，历经12年8个月的艰苦奋斗和不懈努力，李双良和他的治渣大军共挖排废渣2381万吨，挖掘回收废钢铁112.4万吨，连同加收的废电极、废镁砖等十多种废旧物资和综合利用，总计创收2.469亿元，总盈利1.273亿元。渣山占地由原来的2平方千米缩小到0.54平方千米，腾出土地2200余亩，太钢用这块地盖了20多栋职工宿舍，并建了学校和福利房，为太钢的发展提供了有利条件。

很多外国专家和名人前来太钢参观，都对李双良的精神大加赞颂。"双良精神"至今仍是中国环保界津津乐道的旗帜和宝贵的精神财富。

提着菜篮行走中国——陈飞

陈飞家在温州的楠溪江边，楠溪江以水秀、岩奇、瀑多、村古、滩林美而闻名国内外，是1988年国务院第二批公布的国家级重点风景区。每年的7~9月是楠溪江的汛期。

不知道从何时开始，每次发洪水时，楠溪江上都会漂浮着成堆的塑料袋，有时连岸边的树上都挂满了。时间一长，河道成了垃圾场，还发出阵阵恶臭，江里的鱼也明显减少了。原本清澈的溪水、翠绿的树木不见了，到处都是花花绿绿的烂塑料袋在飘，一些外地来的游客很是失望。这一切让陈飞看在眼里，急在心里，他每天都在琢磨怎么改变这种状况。一次，他让儿子帮着从网上下载环保方面的最新信息和塑料袋污染的资料。查完才知道，塑料袋不仅对食品，而且还对土壤和人体造成危害。

陈飞想起在1984年以前，家乡当地人都是用竹篮子买东西的，既实用又环保。在那以后，人们渐渐开始用各式各样的塑料袋。于是他便萌生了宣传"重提竹篮子买菜"的念头，决定倡导禁用塑料袋。

2000年10月23日，陈飞第一次提着菜篮上菜市场宣传。他不厌其烦地跟大家讲，塑料袋虽方便，但对身体不利，还污染环境。竹篮子买菜干净、卫生又环保。刚开始效果并不好，人们有冷嘲热讽的，也有不接受的，陈飞便经常在思考如何寻找出一种最适合社会大众接受的一种宣传方式。

全球环保大行动

2002年，陈飞决定免费送菜篮子，虽然竹篮不贵，但要免费送还是需要一大笔资金的，一开始家里并不十分赞同。但陈飞认为，只有免费送人竹篮，才能让人们接受这个观念。他以天然毛竹为材料，编制了许多竹篮。首先，他从自己家里开始做起，家人买菜都使用竹篮。之后，他又将竹篮带到街上去免费送给村民，并为他们讲解塑料袋的毒性以及对环境的影响，劝村民们尽量少使用塑料袋。有人拍手叫好，有人冷言冷语。陈飞感到自己身单力薄，因此陈飞想到了借助新闻媒体来扩大宣传力。

2002年1月23日，陈飞提着竹篮找到当地一家报社，将自己写的一封信交给了一名编辑。那名编辑觉得一个农民能想到这件事很新奇，第二天便刊登了《一位普通市民的马年心愿——提着菜篮"走四方"》的报道。很快，当地许多人开始关注陈飞，关注他的菜篮子。第一次的成功，让陈飞感受到了媒体的力量。为进一步扩大影响，他带着自己的环保理念和这份报纸，也带着他的"环保梦"走出县城，去了杭州、金华、衢州、嘉兴、台州、宁波、丽水、绍兴等地，每到一个地方他都到各地农贸市场、报社等手提菜篮子，身披绶带进行宣传。

一次，他看到一则新闻报道澳大利亚有一个城市变成了没有塑料袋的城市。于是，他开始琢磨，凡事从身边做起更省力，动员村民建一个中国的无塑料袋村，并把菜篮子推广出去，这样效果会更好。

2005年2月，陈飞打定主意后，就向村支两委请示汇报，打算创建中国第一个无塑料袋村。他的这一建议马上得到村干部的

普通民众：书写自己的环保故事

陈飞

重视，并马上召开全村村民大会，最后以多数票通过了这一决定。陈飞便在老家珠岸村挂出"中国无塑料袋第一村"的牌子。

陈飞找到村里的每个肉铺老板，说明自己的想法后，这些老板都非常赞同陈飞的做法，答应以后不再使用塑料袋，重新使用弃用多年的稻草绳。他又给全村700多户都送了一个竹篮，还给村里每个菜摊、商铺各配备了10个竹篮，如果谁忘了带篮子就免费租给他，而且每个竹篮都标有店铺的记号。

村民们的环保意识大大提高了，不仅非常支持，还纷纷开始重提菜篮子。村里的池塘是污染最严重的地方，陈飞就购置了一只小船，请村民每天驾船清理池塘。他不但出资雇用了3名清洁工每天打扫卫生、清除路边的垃圾，还出资2万多元，在村中央建造了一座标准公厕。

从2006年8月4日开始，珠岸村老年协会300多名老人自觉行动起来，成立了一个环境保护监督小组。每天有两位老人作为环保监督员，在全村进行环保监督检查。他们对各家小店是否推广纸袋、拒绝塑料袋、垃圾是否倒在指定位置等日常行为进行检查。

后来陈飞看到在家乡宣传环保获得成功，便开始向全国宣传。他准备了2000多只竹篮，每到一地，都到大型的菜市场，一边分发竹篮子，一边宣传环保。2002年11月，他从去北京开始，然后又去了上海、南京等11个城市的大型农贸市场。他的行动得到了更多人的支持。2000年至今，陈飞自费跑遍了全国19个省、区、市，送出了上万个菜篮子。他的行为由最初的不被人理解，也逐渐转变为受到广泛尊重。

2007年6月4日，他发起的"永嘉绿色环保志愿者协会"成立了，陈飞任会长。协会成立后陈飞带领志愿者们在楠溪江保洁、铲除"牛皮癣"、各地成立分会让更多人加入志愿者队伍、开展北京奥运会倒计时一周年系列环保活动，还启动了"菜篮子进百村"等活动。

2007年9月，陈飞作为嘉宾应邀出席了"节能减排"晚会。晚会现场，他大胆地向国务院副总理曾培炎赠送菜篮子，受到了曾副总理的高度赞赏。

2008年开始，陈飞又根据群众的建议和需求，除了转变方式，对传统的篮子也进行了改良，现在送的都是可折叠式的竹篮子，让大家携带更方便。2008年1月21日浙江省十届人大三次会议上，陈飞以一名农民的身份当选第十一届全国人大代表。他决定抓住这个环保宣传的好机会。那次陈飞上北京开全国人大会

议，带去了56个菜篮和3000条手帕。"两会"期间，他把这些菜篮子和手帕作为珍贵的礼物，送给全国56个民族的代表，把3000条手绢送给每位全国人大代表。2009年"两会"期间，陈飞又从家乡带来了3200个菜篮子，通过会务组分发给了所有全国人大代表。

从一个普通的农民环保人士到全国人大代表，陈飞的当选折射出整个社会对环境保护重视程度的变化，也透射出公众参与环保向更深的层次发展。

6岁开始环保行动——袁日涉

袁日涉，1993年3月出生在北京，第九届全国"十佳"少先队员，环保学生。6岁时开始回收废电池；7岁时成立"一张纸小队"，传播节约用纸的理念；8岁，获得"福特汽车环保奖"，用奖金开通了袁日涉红领巾环保网；9岁，组织"救救什刹海"活动；11岁，她组织迎奥运，种植2008棵树的活动，在北京延庆种植"少年先锋林"；14岁，被确定为2008年北京奥运会火炬手。

袁日涉最早的环保行动是从回收废旧电池开始的。6岁多的时候，袁日涉的爸爸给她讲了一个小故事：一位多年在中国学习生活的德国阿姨，每次回国总要带回废旧电池，因为她在中国没有找到合适的地方扔掉这些对环境造成严重污染的垃圾，在德国，这些东西都是有专人进行回收的。还有爸爸讲的一张报纸上的提法"一节纽扣电池污染60万升水，不能饮用。一节一号电

池，令一平方米土地受污染而绝收"。爸爸故意讲这些让袁日涉幼小的心灵受到启发。

1999年11月19日，袁日涉第一个向中国儿童中心交废电池，一共是130节。到2002年12月她和同学们共回收了10万多节电池。关于电池回收是否有必要，在中央电视台做过节目，清华大学教授认为集中回收集中了毒性，可以分散和垃圾一起处理。可是其后袁日涉请教过北京科技大学环保专家认为有回收的必要和资源再利用的价值。专家的不同看法，使她决定不再主动宣传，但是继续回收，可是就不再统计数量了。

袁日涉7岁时看见有同学把一面用过的纸随手扔掉，甚至用新的纸折成飞机，就觉得很浪费，于是袁日涉在老师的帮助下于2000年3月12日植树节那天成立第一个"一张纸小队"。在大队辅导员赵老师的帮助下，很快推广到全校每一个小队、中队。他们把学校里积压的好多用过一面的废纸订成环保本，把环保本送给全校每一个同学，让全大队都参加"一张纸小队"的活动。他们还在学校周围的许多单位宣传"一张纸活动"，在人教社、求是杂志等单位设立了一面纸回收箱。他们按照再生纸的方法计算过，节约5000张纸就是保护一棵3米高的大树。北京许多学校，也发展了一张纸小队、一滴水小队、弯弯腰小队、白鸽小队、环保沙龙等，还发展到了包头、石家庄、重庆、上海、郑州、哈尔滨、宜宾、烟台、安阳9个城市，短短一年的时间就有9万多名红领巾参加，回收废纸已达65万多张，相当于保护了130棵3米高的大树。

普通民众：书写自己的环保故事

在2001年度福特汽车环保奖中，袁日涉以"一张纸小队"的活动，成为唯一获奖的小学生，颁奖理由写着：袁日涉只有8岁，她创意的"一张纸小队"活动很新颖、很有现实意义。该项目充分展示了"积少成多、聚沙成塔、集腋成裘"的道理，并传达着"环境保护，从我做起"的朴素理念。这些活动由一个只有8岁的小学生发起，难能可贵。

2002年9月10日教师节时，袁日涉通知了全国9个城市的"一张纸小队"，大家都行动起来用环保卡片在教师节的时候赠送给老师。袁日涉代表全国9个城市的"一张纸小队"和100万参加双面用纸的小学生向全国1亿小学生和全国人民发出倡议：行动起来，做环保贺卡，向不环保的行为宣战。

袁日涉在街头参与宣传活动

全球环保大行动

2000年，为支持北京申奥，袁日涉发起向北京环保少年征集节水建议的活动。3年来，袁日涉和同学们共收集了12000名北京环保少年的节水建议10万条，从中精选整理家庭实用措施27条。本来是向全市征集并在全市推广的，可是容易征集不容易推广，2003年袁日涉开始正式在自己家里落实，提倡家里人节水、节电、绿色出行等活动，严格执行后并向大家推广。2007年，在北京的许多公交车站都可以发现一幅环保公益广告，广告的主角就是袁日涉，标题是：小袁家的27条节水"军规"。

截至2009年，"一张纸小队"已有138万成员。袁日涉发起的"绿色银行"、"少年先锋林"、"中华青少年林"、"节能减排碳汇林"、"环保贺卡"、"环保博客"、"保护什刹海"、"绿色出行"、"人工鸟巢"、"限用塑料袋"等活动，遍及了全国产生了巨大影响。

在沙漠中植树——米启旺

米启旺，鄂尔多斯高原的西南端毛乌素沙漠地带的麻黄套村里住着的一位农民，24年来，他带领全家治沙造林27000亩，已控制流沙面积达到37000亩，他把所有的精力和绝大部分收入及贷款都用在造林治沙项目上，先后投入近50万元，欠外债10万元，治沙造林不仅没有致富，反而让米启旺的家境陷入困境。尽管如此，他仍不改初衷，坚持治沙到底。米启旺造林治沙事迹惊动了国务院和地方各级领导，成为鄂托克草原上家喻户晓的治沙英雄。

鄂尔多斯市西部（包括鄂托克旗大部和鄂托克前旗、杭锦旗的部分）总面积约2.1万平方千米，占鄂尔多斯市总面积的24%以上。该区地势平坦，起伏不大，海拔高度1300～1500米。这里气候干旱，降雨稀少，年平均降水量在200毫米左右，属典型的半荒漠草原，部分地区有不少风积沙。

米启旺居住在鄂尔多斯高原的西南端毛乌素沙漠地带的麻黄套村，那里居住环境恶劣，十年九旱、沙进人退，米启旺决定治沙造林改善当地的生态环境。

1985年，米启旺把鄂托克前旗与宁夏回族自治区盐池县交界处的7000亩沙地承包下来开始，他带领全家开始了大规模的治沙造林。到了1986年春天，他种下的柳苗有80%的发芽抽绿。在劳动实践中，他不断总结和摸索，找到了既省力气、又提高效率的新方法。

后来，国家农村金融政策调整后米启旺贷到9000元的贷款，他把全部的贷款都投在了造林上。就这样，米启旺和家人含辛茹苦的劳动没有白费，流沙控制面积已有37000亩，实际造林面积已扩大到27000亩。昔日的荒沙已经变成了绿洲，而且已有三四万株的成材林，有力地改善了当地的生态环境。然而，20多年来，生态环境虽然改变了，但米启旺一家人不仅没有因为植树造林致富，反倒因为植树投入欠债近10万元。市林业局领导和自治区林业厅厅长高锡林考察完后指出：米启旺这种植树造林行为对他本人来说，只有付出没有回报，这是一场只有生态效益而没有经济效益的劳动，我们各级政府一定要给予积极的关怀和支

持。副市长杨占林望着米启旺已经成林的绿洲和那破烂不堪的住房感慨地说:"老米的这种精神,不仅要宣传,而且还要从物力和财力上支持他。"

而米启旺无怨无悔,经过20多年的实践和思考,找到了一条合作治理、互助发展的新路子。总结多年的经验和教训,米启旺深刻地意识到在产生环保效益的同时,必须产生经济效益,这样才能实现良性循环,让投入与产出成正比,真正为未来项目的扩展打下坚实的基础。后来,米启旺组织注册了二道川乡启旺治沙协会,在自身条件艰苦的情况下,依然无偿提供树苗给加入协会的农民,带动当地群众共同治沙,治沙协会已拥有会员200多户,扩大造林面积达6万亩。在整个内蒙古,米启旺种植的树木有效地保持了其所承包沙地的水资源储备。因地制宜,以林促林,以林促牧,如今米启旺的成材林不仅面积可观,而且沙柳等植物的经济收益也指日可待。

由于米启旺因地制宜种植各种树木,成活率较高,初步控制了"沙进人退"的局面,改善了当地生态环境,保护了地表水资源,他获得首届"中国民间十大环保杰出人物"奖。以林促林,以林促牧,项目规划较为科学,具有可持续性。2005年他又获得第六届"福特汽车环保奖"自然保护类三等奖。

投身公共环保教育——李皓

李皓,1957年9月出生。我国著名的公众环保教育工作者,国际环境影视公益机构(TVE)中国项目协调员。

· 188 ·

普通民众：书写自己的环保故事

　　1982年毕业于四川大学生物系生物化学专业。1986年由中国科学院成都生物研究所派往德国，在德国从事免疫生物学研究，德国人对环境保护的热切深深教育了她。到德国没几天，李皓的手表没电停了。李皓顺手将卸下来的纽扣电池扔进了纸篓，德国同学大惊失色，跳起来质问她："你怎么能把废电池扔到纸篓里呢？你是学科学的人，你难道不知道，废电池里面的重金属如果进入自然界，会污染环境吗？"李皓赶忙把纽扣电池从纸篓里捡出来，面红耳赤。李皓从未想过，小小电池会造成污染！这是她第一次听到环境污染和环境保护这类概念。更让李皓震惊的是，她带毕业实习生时，她所带的一个金发女孩，学习十分刻苦，但就在毕业前夕，得了不治之症，而病因正是污染所致。李皓从大量的事实中明白，现代污染是多么可怕。过去的垃圾多是烂菜叶、炉灰渣，而现代化生活产生的垃圾是塑料、废电池、废金属等许多对人体及动植物有害的物质。

　　她在德国时，洗碗的方式就像在国内大学食堂一样，水龙头开到底，哗哗地冲水。一个德国女孩非常严肃地跟她讲，你这样洗碗，我们城市的水会很快就枯竭的。她很羞愧，从此便改变了洗碗方式。

　　德国人都是随时备一个白色购物布袋，购物时让售货员将东西直接装入袋中，在年轻人举办各种野餐会、聚会和晚会时，大家不再使用过去流行的一次性塑料餐盘和杯子，而以使用瓷盘和玻璃杯为荣。人们选购鲜花时拒绝用塑料膜做包装，选择玻璃瓶装的饮料而不是塑料瓶装的。一次，李皓和德国同学谈论起欧洲

全球环保大行动

灰蒙蒙的天空,她骄傲地对德国朋友说:"我请你们去中国的首都北京玩,北京的天空瓦蓝瓦蓝的,人们出去买东西都是自己带网兜,许多散装的商品包装用的是草纸,没有塑料皮,既简单又不污染环境。"

然而,1995年,李皓回国后,看到的却是铺天盖地的废塑料袋和一次性泡沫餐盒。而且,北京的天空也已经灰蒙蒙的了,星星也看不到几颗了。后来,她在北京医科大学免疫系做博士后,准备研究中草药成分的免疫调节作用,但工作的一年多里她发现欧洲曾经出现的环境问题几乎都在中国重演,医院里经常送来患有古怪病症的儿童。更让她吃惊的是,实验室的科研人员常常将实验用过的药品未经任何处理就倒入下水道、垃圾道内。李皓非常气愤,因为有些药品具有放射性和毒性,而楼下就有人在捡垃圾!

李皓还发现,儿童糖尿病也在中国出现了。当时学校里流行的带夜光的恐龙画册,α射线超出国家规定十几倍,很可能诱发儿童白血病,中国当时众多的白血病患者可能就是像这样不知不觉中被放射性物质侵害的。作为一名科学工作者,李皓感到自己有责任做点什么。她认为,提倡环境保护是时候了,因为病都出现了,社会对污染显得那么无知,如果家长们有一点知识,就绝不会给孩子买那种恐龙玩具了。

麦当劳仍然是中国大城市的孩子最爱吃的食品,李皓便告诉中学生们麦当劳是纯粹的垃圾食品,不仅没有营养,从生产到消费都是最不环保的。在德国,麦当劳的洋葱可能是西班牙的,西

普通民众：书写自己的环保故事

红柿是法国的，牛肉是巴西的——他们把热带雨林砍掉建牧场，整个生产是远距离冷藏运输，而且连锁店的各种餐具都是一次性的，都非常非常消耗资源。李皓说，这些都是一个德国孩子告诉她的，所以她必须再把它们告诉中国的孩子。因为他们是绿色中国的希望。一些中小学生接受了她的劝告。

这一切都让李皓为中国的环境状况感到极度担忧，她决定放弃医生的本行。医学告诉她，最有效的办法是预防而不是治疗。

1996年4月，李皓毅然辞职，告别了免疫生物学实验室，作为一名环保志愿者走向了社会。她决定从孩子们的环保教育做起，把全中国的孩子都组织起来成立"手拉手地球村"，听她讲环保课，因为她确信，会有无数的孩子和她一起宣传环保。《中国少年报》开辟了"手拉手地球村"栏目，聘请李皓当"地球博士"，写文章向孩子们介绍环保知识。李皓的文章受到孩子们的欢迎，孩子们从中知道地球妈妈生病了，作为地球妈妈的孩子，有责任为保护地球妈妈做点事。

为了搞好环保科普，李皓注重和媒体合作

栏目创办5个月后,"手拉手地球村"这个富有儿童情趣的名字,成为了中国少年儿童环保组织的名称。

1997年,李皓在国际环境影视公益机构TVE中国项目作项目协调员,负责组织翻译从国外陆续引进的200多部环境教育影视片,然后免费提供给电视台、政府部门和学校。

1998年4月,李皓成立北京市有用垃圾回收中心。2000年,被聘为国家环保总局环境使者。2001年,建立北京地球纵观教育研究中心。2002年,为北京市250个居住小区、大厦和工业区的干部代表进行了有关垃圾科学分类管理的知识培训。实行垃圾科学分类工作被列为市政府为市民办的重要实事之一。

李皓现在的工作方式主要是向公众普及环境科学知识。她说,做这样的环保科普必须自己要做很多调查研究,要分析问题的原因,找到解决问题的出路。利用她以前从事生物化学、微生物学和免疫生物学研究奠定的知识基础与科研习惯,李皓把环境科普做得很有特色。她以一个科学工作者的态度来向公众传播环保常识,给北京政府部门和大众媒体写文章,写建议。她希望用科学而简单的方法来帮助北京解决现存的多种环境问题。

民间环保"执法"者——陈法庆

陈法庆,1967年出生,原籍是浙江浦江县杭坪镇程家村。陈法庆关心环保公益事业,因环保问题屡次将当地政府告上法庭,他为了提高人们的环保意识,自费在电视和报纸上做环保公益广

告，并首次以一个农民的名义向国家有关部门递交《环保公益诉讼立法建议书》，成为一名不是执法者的民间"执法"者。

陈法庆出生在浙江省浦江县程家村一个农民家庭，他14岁辍学后，就做起家禽养殖和船舶运输生意，后来又生产矿山机械配件，日子过得还算富裕。20世纪80年代以来，在仁和镇2.5平方千米范围内，陈法庆所在的杭州市余杭区仁和镇有大小石矿11家，矿点密集度和年开采量居浙江省第一。但石矿开采生产方式很原始，由于各矿生产车间或露天，或半敞开式，开山炸石所产生的噪音震耳欲聋，排放和工程车运输产生的粉尘遮天蔽日。仁和一带的人们在这噪声不断的恶劣环境中生活了20余年，镇上有100多个工人得了硒肺病。

从1999年开始，陈法庆就向余杭区当地环保部门反映举报但效果甚微，污染问题一直未能解决。他决定打官司，为搜集证据，花了8000元钱买了部摄像机，在石矿企业周围连续拍了5天，拍摄了仁和镇7家石矿企业制造粉尘、噪音的现场情况。2002年6月，陈法庆将余杭区环保局告上法庭，最终陈法庆输了这桩公益官司，但这个官司经媒体广泛报道后轰动一时。再后来，余杭区环保局和仁和镇政府联合成立粉尘、噪声综合整治工作组，一举减少了80%的粉尘和噪声，使矿群附近近2万人呼吸上清洁空气。并且余杭区政府最终关停了一些污染严重的石矿企业。政府部门也决定仁和镇的矿山到2013年全面停止开采。

粉尘污染刚去不远，陈法庆又发现流经村边的东苕溪，因船舶运输建筑石料而造成溪水严重污染。东苕溪是杭州市区和余杭

区主要生活水源地，建有两个水厂取水口，流过余杭的东苕溪是跨杭州、湖州两市的一条重要河流，也是杭州市的饮用水源，承担着130万居民生活饮用水。由于溪边采矿企业的污染、东苕溪航道里运输船舶的污染、溪边农民生活生产污水污染等，使这个一级水源保护区的生活饮用水和地表水的污染十分严重。

于是，陈法庆向有关部门递交《一级水源如此保护》的情况反映书并请求整治，但没有一个部门明确答复。2003年12月12日，由于东苕溪污染问题，浙江省人民政府和浙江省环保局被陈法庆推上被告席。他希望和上次一样，达到引起各方重视改善污染的目的。这次诉讼请求法院4天后就予驳回，法院裁定：由于污染和原告没有直接利害关系，所以陈法庆不具备原告资格，不予受理。他通过对环保等相关法律钻研发现，现行的法律法规不健全甚至相互矛盾。而在发达国家，法院对公民个人提起的环保类公益诉讼是立案审理的，于是他就动了向国家立法机关提出环保立法建议的念头。很快，陈法庆写了份《环境污染法律无奈——关于请求对公益诉讼等立法立案审理的建议》的报告材料，建议国家修改《民事诉讼法》、《行政诉讼法》，对公益诉讼进行立案审理。陈法庆和他的建议受到了全国政协委员梁从诫的关注。在2005年"两会"的时候，梁从诫提交了一份《尽快建立健全环保公益诉讼制度》的提案。梁从诫称，这份提案是受到浙江农民陈法庆的启发。

打官司赢不了，陈法庆就想着，让人们提高环保意识是最重要的，2004年5月6日，陈法庆在家里看电视时，一个有趣的动

普通民众：书写自己的环保故事

陈法庆（前排左）在接受记者采访

画片广告激起了他的灵感：尝试一下做环保公益广告？第二天，他忙带上 2 万元赶到杭州电视台，电视台表示可免费播公益广告，但他认为如果免费有人会认为他在出风头，对社会震撼力不大，一定要掏钱！陈法庆的环保公益广告片播出后，在杭州引起强烈反响，许多市民支持他的行动。广告的画面非常形象：鸟语花香的青山绿水在一场大火中灰飞烟灭，最后变成了一个巨大的十字架，画面定格为一行大字："善待环境就是善待自己"，落款是"农民陈法庆公益传播"。为扩大广告受众范围与影响，陈法庆决意把广告放到中央电视台《焦点访谈》栏目前后播出。

2004 年 5 月 23 日，他带了 5 万元坐火车到北京，找到了中央电视台广告部。广告部说最少 20 万元，央视的一个编导对他这种创意肯定一番后，最终委婉地拒绝了他。回到旅馆，陈法庆异常失落。他下定决心，既然到了北京，做不成广告绝不回杭州！他又找到《人民日报》广告部主任办公室，他自我介绍表明

· 195 ·

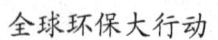

目的后，《人民日报》决定接下这个单子，广告部负责设计的美编问他有什么具体要求，陈法庆说只有一个，广告画面要体现环保意识，旨在督促政府部门重视环保。原来开价7万元的广告最后打了6折成交。《人民日报》创刊50多年来，公民个人去做环保公益广告的，陈法庆是第一个。2004年5月28日，"善待环境就是善待自己"的公益广告在《人民日报》第十一版刊出。

2005年6月5日，"世界环境日"那天，陈法庆又拿出5万多元，开通个人环保网站"农民陈法庆环保网"，网站的宗旨是"接受全国各地对生态破坏、环境污染的投诉并在网上公布，反馈给政府有关部门予以查处、视情媒体曝光"。

2006年4月，陈法庆喜获国内首个民间环保奖——阿拉善SEE生态奖特别奖。

结束语　美好明天——我们共同的期待

人类的发展在最近几个世纪呈现加速度递增的趋势：在 20 世纪，核武器的发明使人类第一次具备了毁灭自己家园——地球的能力；人口的剧增和工业的飞速发展，使得 20 世纪成为人类历史上第一次产生环境问题的世纪；也就是在这个世纪，人类发现自己的所作所为开始反作用于自己，人在征服自然的道路上登到了峰顶，才发现前方的道路是——顺其自然。目前，全球最主要的环境问题是什么呢？现在，世界环境问题的焦点集中在南部不发达国家，尤其是亚洲、非洲、拉丁美洲。为了经济发展，许多发展中国家不惜以环境为代价，而地球的生命器官可以说基本在这些国家。例如，亚马孙雨林、东南亚、中非热带雨林是全球之肺，地球 1/2 的氧气和 2/3 的物种资源来自这三个地方。而现在它们正以 10 余万平方千米/年的速度遭到破坏。雨林的减少会使二氧化碳增多，导致的温室效应使全球变暖，进而使极地冰川消融、大气环流异常，这会使海平面升高而很多地区缺水，使得土地荒漠化更加严重，而激增的人口又需要新的耕地，这就得毁

林开荒，于是，人类陷入了一个环境怪圈。自己要发展，又要给子孙后代留条出路，这种情况使得可持续发展（既能保证当代人的发展又不破坏后代人发展的能力）必然成为新世纪主题。

世界环境与发展委员会于1987年发表的《我们共同的未来》中对可持续发展定义为：既满足当代人的需求，又不危及后代人满足其需求的发展。从社会观角度，可持续发展主张公平分配，包括发达国家与发展中国家资源的公平分配，当代人和后代人资源的公平分配；从经济观角度，可持续发展主张在保护地球上自然系统的基础上经济持续增长；从自然观角度，可持续发展主张人与自然和谐发展。可持续发展主要包括自然资源与生态环境的可持续发展、经济的可持续发展、社会的可持续发展三个方面，这三个方面是相互影响的综合体。可持续发展战略的实施是一项系统工程，它是对传统发展模式的挑战，它谋求建立新的发展模式和消费模式，这意味着一个国家或地区的经济发展和社会发展进程要从现在运行的传统模式转变到一个新的模式，它涉及方方面面、各行各业，并存在着错综复杂的关系。

在人类可持续发展受到环境威胁的背景下，环保成为全球政府和民众最热门的话题。环保深入到社会生活的各个层面、各个角落，几乎所有的组织和个人都无法拒绝，每一个人都应该问问自己，我能做些什么？

环境问题不光是政府的事，也不完全是NGO的事，是大家都在做的共同的事业。如果说三角形是一个稳定的形态，我们不妨把媒体、NGO和公众看作是一个角，政府是一个角，企业是

结束语　美好明天——我们共同的期待

一个角，这三角，无论缺了哪一个，都不足以立起来，不利于环保事业。只有这三个方向一块努力，环保之路才能更好地走下去。

对于中国来说，环保的问题也许特别突出。改革开放初，人们环保意识淡薄，在经济起飞过程中，普遍重视经济发展，轻视环境保护，过度开发和盲目发展造成环境破坏和环境污染的事例屡见不鲜。1978年，新中国历史上第一次在宪法中对环境保护作出明确的规定。1983年召开的第二次全国环境保护工作会议，正式把环境保护确定为一项基本国策。随着社会的进步，环保理念逐渐深入人心。近年来，国家又通过举办"六·五"世界环境日、地球日等环保纪念活动，宣传节能减排，倡导绿色消费，提高全民环境意识。对于国家提出的节能减排、绿色消费、限用塑料袋等保护环境的号召，社会各界广泛响应，积极参与，环保理念逐步深入人心，公民环境保护意识显著增强。

改革开放以来，作为主导地位的工业越来越发达，与此同时，工业"三废"的排放带来污染问题也愈来愈引起人们高度重视。我国的各项环境保护政策在实际工作中得以落实，取得了巨大成绩。国家统计局报告指出，虽然我国环保事业取得积极进展，但主要污染物排放量超过环境承载能力，生态环境受到不同程度破坏，环境污染事故时有发生，环境形势依然十分严峻。实现"十一五"规划纲要提出的有效控制污染物排放，尽快改善重点流域、重点区域和重点城市的环境质量的目标，尚需付出极大的努力。

作为现实生活中的普通一员，也许我们终生不可能直接从事环保工作，但我们完全可以做一名环保志愿者。如果我们现在开始善待地球上的一切生物和动物，减少采伐，保护生物多样性，减少二氧化碳的排放，地球的灾害性气候就会变少，空气将更加清新，生态平衡也能得到保护，我们就可以在这个美丽的地球上安居乐业，大自然也会更加美丽。亲爱的朋友！我们都应是"绿色的子民"，在地球母亲的伤痛中觉醒，在觉醒中成长！展望未来，让我们团结同心，让我们携手向前，用爱与真诚去奉献一己之力，还地球母亲以绿色的盛装！